你也被唬弄了嗎？

20個最容易被誤解的科普知識

궤도의 과학 허세：아는 척 하기 좋은 실전 과학 지식

韓國 Youtube 科學知識網紅 **軌道君**（궤도）──著

keykney（키크니）──繪　陳曉菁──譯

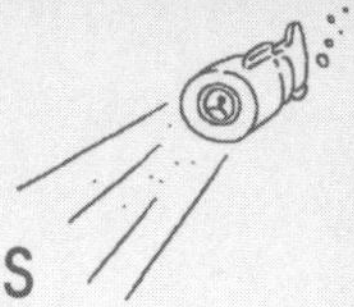

CONTENTS

前言：

真的出現了！銷毀偽科學！

「最近很累吧？我要送你一份超棒的禮物，這個東西就是：『腳底毒素排毒貼布』。睡前貼在腳底，可以排除體內所有的毒素和廢物，甚至還有瘦小腿的效果。你看看，這是我拍的照片，昨天才貼著它睡了一晚，它就變得烏漆抹黑，體內的毒素好像都消失不見了，你也試試吧！」

雖然很感謝你的好意，不過若能從腳底排出黑漆漆的毒素和廢物，想必我的腳底應該破了一個大洞。若想透過皮膚排出巨量的毒素和老舊廢物，皮膚的狀態可能接近抹布的程度了。讓我們分析一下，這裡產品上寫的毒素種類，大致上有三種：分別是鈉、尿素和膽固醇，這些光聽就覺得相當嚴重的毒性物質。只要能把這些可怕的東西從身體抽出來，我們就會變得更健康。

先來看看其他有毒物質吧：硬脂酸、辛酸、苯丙胺酸、山萮酸、甲醛、苯類物質、硫化物……唉唷，光是聽這些名詞，就好像聞到一股刺鼻的毒味了。但剛才提到的所有東西，全都是雞蛋中含有的成分。原來雞蛋是這麼可怕的食物啊！萬一不小心吃到煎蛋卷，說不定會引起猝死。沒錯，當然只是開玩笑！

大多數對科學不熟悉的人，一聽到這樣陌生的化學物質名詞，就認定它對身體有害。因此才會想盡辦法，就算從腳底也要將毒素排出身體。事實上，先前提到的鈉或膽固醇等物質，每天都會藉由排尿或流汗的方式，從身體排放出去。而腳底貼布的原理，也只是貼布吸收人體自然排出的汗水，產生反應而留下的黑色痕跡。

在我們周圍，有很多大大小小的偽科學、似是而非的科學。我不是說這些都是不好的東西，相信、依賴或是熱情地宣揚某件事，或許不算什麼壞事。但是硬冠上科學之名，就不是正確的做法。因為將它們稱為科學，實在言過其實了。

以前課堂上也有這種偽科學課，主要是為了教學生使用禮貌又優雅的話。分別在兩個杯子倒入水，對一邊的水杯說出稱讚的好話，另一邊則是口出惡言。據說受到誇獎的水，結凍之後會產生漂亮的結晶；而被辱罵的水結冰後，會成為可怕的扭曲模樣。冰晶的形狀其實相當多樣，只要選擇想要的照片並拍攝下來，就可以呈現出主事者想讓學生看到的模樣。這麼做會有什麼結果？每天試著對水說「sseu-ppa-ssi-ba」，雖然這句話讓人以為是韓文的髒話，不過若在俄語中是「謝謝」的意思，這杯水會變成怎樣呢？俄國來的水會變成漂亮的結晶，韓國的水就會變成醜陋的模樣嗎？

偽科學只是一種欺騙人們的科學。就像只是藉由轉動來加速空氣流動的電風扇，卻被謠傳成是讓人窒息的工具；玉石坐墊或鈦鍺手鍊中常見的遠紅外線，會讓人體的免疫力莫名急速上升；還有某研究結果顯示，放屁產生的硫化氫能保護體內細胞，因此就被有心人士衍繹成，放屁可以預防癌症的謠言。

「在相同的條件下，無論任何人都能獲得同樣的觀測結果，這就是科學。」

請把這句話牢牢記在心裡，再開始閱讀這本書吧！至少，你現在不會再傻傻被偽科學騙了。你也不要獨善其身，周邊那些被網路釣魚欺騙、浪費大把時間金錢的朋友，請帶著同理心對他們伸出援手吧！在這個過程中，也許你會被認為在虛張聲勢，也可能被視若敵人，或讓人覺得你在說天方夜譚，但我想這的確是很有意義的事。

一旦出現科學用語，人們就會害怕而急速退卻，或因無知而一味選擇信任，因此才會產生不少的錯誤假說。但我的意思並不是說，只有科學家說的話才是真理，或認為科學至上。科學當然也會出錯，過去的數百年間，科學家犯下了各種數不清的錯誤。但也是透過他們錯誤的假設，人類才得以繼續走在邁向真理的道路上。並非只有科學家才會接觸到科學，我們在日常生活中，也常遇到一些似是而非的科學。只可惜，我們往往忽略了必須精密思考的過程。

雖然人家都說，對科學一知半解是最危險的。但站在熱愛科學的立場上，我認為就算對科學不求甚解，也不是什麼壞事。因為其實乏人問津，才是最可怕的事。不管怎樣，就算對科學再怎麼生疏，我想也不至於因為失誤，就在家裡製造出一顆核彈吧！

這本書無法讓大家探知科學的深度，若說這是一本科學家用簡單有趣的方法，來介紹科學故事，我也挺難為情。我希望大家把它當成是你走進便利商店時，看見那瓶擺在架上的香蕉牛奶胖胖瓶。當你為每天重複的日常生活感到無聊時，將你的好奇心像吸管一樣，插入那瓶香蕉牛奶，只要輕輕吸一口，科學的香甜滋味就會洋溢在口腔之中。

推薦序

這不科學的反啟蒙時代，不考慮來點把大家推回正軌的「軌道君」嗎？

科學教育研究者／研之有物客座編輯／泛科學專欄作家　廖英凱

對比起父母的孩提時光，以及國文課本上所描繪的古人生活。我們毫無疑問地活在一個「科學」的時代，而且愈活愈科學。就像ＷＩＦＩ和電池，那些與科學有關的人事物，構成了這個世代的基本生活需求。每年重大科學的發現與新興科技問世，甚至能超越人們對未來科技的想像；黑洞、日環蝕、衛星發射，更是能引發全民狂熱的科學盛事。像我這種科學樂觀主義者，總會不科學地浪漫相信，邁向電影《星際爭霸戰》（*Star Trek*）那樣的時代，只是早晚的事。

嗯，是嗎？

本書原作者軌道君所在的韓國，與台灣的各項條件和社會脈絡很相似。科技業構成了兩國重要的經濟基礎，科技人才的培養，也是教育政策的重要目的。我們創造了大批能幫助國家發大財的工程師，我們創造了高比例曾就讀過研究所、有學術研究經驗的高階研究人力。「科技興國」正是台韓之所以立足於世界的關鍵。

然後咧？

諷刺的是，我們有廟堂之上等級的高高高層官員，相信吸入氫氣可以延年益壽；我們的政府，創造了全球獨有的海洋深層水定義；政客在香火與籤筒中尋求國家的運勢；黎民仰望螢幕上的國師，聆聽星辰的指示；政府總呼籲大家節約「能源」（energy），但與「能量」（energy）有關的產品，從未離開熱銷榜；最近「量子」相關的商品又紅了起來，我相信你不會上當，但你身邊的朋友中招了嗎？我們享受著科學的成就，卻把解釋未知、疑惑與矛盾的權力或責任，留給了原始本能、行銷修辭、占星術與感恩師父。你真的確定世界運作的法則不是靠巫術？

所幸本書作者軌道君，明顯是個比筆者個性好很多的科學人。軌道君呼籲擁有分辨偽科學能力的人「不要獨善其身，周邊那些被網路釣魚欺騙、浪費大把時間金錢的朋友，請帶著同理心對他們伸出援手吧！在這個過程當中，也許你會被認為在虛張聲勢，也可能被視若敵人，或讓人覺得你在說天方夜譚，但我想這的確是很有意義的事。」

例如你有親友，真的手滑了量子產品或量子速讀之類的異端邪說，或是看到各種影視作品、名嘴網紅對「薛丁格的貓」、「量子蟲洞」的各種超譯。不妨藉此機會，當做個功德，跟著親友好好讀一次書中〈壓軸出場：量子力學〉一章吧！比物理課本親民又輕鬆多了。

當然，科學其實也沒有那麼的嚴肅，就像美劇《宅男行不行》（*The Big Bang Theory*），信手拈來，什麼都能科學一番。在日常生活中，我特別鍾愛的是廚房中的科學。如同軌道君在這本書中，也介紹了許多作為餐桌約會話題的科學原理；像是牛排好吃的原因、肉汁的來由、餐桌擺盤與光線對美味的影響。

這些餐桌上的科學超級有趣，但身為廚房科學家，我認為餐桌上的科學原理，絕對不只是炫耀知識有多性感的約會談資。在科學的視角中，廚房就是一間充滿著物理、化學、與生物各種機制的複雜實驗室。理解美味背後的原理，有助於提升廚藝進步的速度，降低暗黑料理出現的機率，使美食不再可遇不可求。而且能在自家廚房不斷複製，輕易重現。

陳了破除偽科學與美味的餐桌科學，軌道君整理的這20個最容易被誤解的科普知識，相信是台韓兩地的地域與文化相近之故。在台灣的語境下既不陌生、也相當實用。然而，知識浩瀚，但書籍的篇幅有限，一本書能打到的偽科學寥寥可數，能揭曉的生活科學更難窺全貌。我認為閱讀此書的另一個重點，不僅是能接觸到這二十個主題背後的知識，更該試著理解，軌道君看待與運用科學知識的方法；看待與分析大眾誤解的方式；觀察作者如何將科學方法，運用到截然不同的議題中；以及如何能用輕鬆詼諧的筆法，描述深奧的科學知識。在近期的教育改革中，有些教育研究把這類能力稱之為「科學思維」或「科學素養」。只是你不需要回到學校，就可以透過對這類書籍的閱讀、反思，以及在生活、社會議題上的實踐來提升能力。

本書譯作在台灣的出版問世，正值二〇一九冠狀病毒病（COVID-19）在全球肆虐之際。疫情期間，各種寰宇驚奇般的新聞，不斷挑戰人類想像力的極限。歐洲有民眾覺得，5G基地台會傷害免疫力或導致病毒傳播，而聚眾燒毀基地台；美國有世界權力最大的人提問，能否將消毒水打到體內抗疫……

當世界往反啟蒙的方向墜落，軌道君動能再大，也推不回世界的正軌，但洞悉科學思維方式的我們可以。

推薦序

歐巴歐尼，強力推薦

用年輕人的感受來解讀科學、用我們這個時代的語言來表達科學的書籍，終於出現了！必須先了解「以『理解當代最重要的教養知識』為主的科學」，才能夠在相親場合虛張聲勢，在酒席上技壓群雄！作者讓我們知道，在聊天中加入科學元素，是多麼有趣的一件事情！而且還有準確擊中科學核心知識的快感！這是一本適合青少年朋友的科學指南。

——鄭在勝[1]（韓文：정재승，腦科學家，《鄭在勝的科學音樂會》、《十二步腳印》作者）

「科學其實一點也不困難或無聊，而是簡單又令人興奮。」這句話是彌天大謊。即使對科學家而言，科學也是既艱難又枯燥無味的學問。雖然不是每個人都從事科學工作，但是大家可以對科學抱持好奇心。而且我們也需要了解科學，偶爾用科學來裝模作樣。《你也被唬弄了嗎？20個最容易被誤解的科普知識》這本書讓人產生一種愉快的錯覺，誤認科學是簡單輕鬆的學問。這完全體現出本書的作者，是位將嚴肅內容用輕鬆有趣的方式、娓娓道出的箇中高手。

——**李政模（이정모，首爾市立科學館館長）**

《你也被唬弄了嗎？20個最容易被誤解的科普知識》就像一部在地球軌道上運行的GPS衛星，為那些想要了解科學世界、卻難以跨越門檻的人們，提供了關於科學的精準位置和資訊。這本書就像一套為了實現科學生活，而設置的優質導航系統。

——**李明賢（이명현，科學作家，科學書房 GALDAR 代表）**

作者軌道君本身是一位科學媒體人，他把深入研究的科學內容，用大眾可以理解的方式，趣味十足地介紹給大家。對於容易被偽科學欺騙的朋友，只要運用這本書的內容，就可以對朋友說：「唉唷，說到這個……就是……的科學嘛！」，好好賣弄一下自己的科學知識。這本書推薦給所有想用科學的眼光，來看待我們生活的人。

——金範俊（김범준，成均館大學物理系教授，《世間萬物的物理學》作者）

雖然了解這些不一定有什麼用處，但今後無論聊到什麼的話題，它就好比調味料，可以替聊天內容增添更美妙的滋味，這個調味料正是以科學為基礎的事實與常識。在人們感興趣的主題中，只要加入一點科學就會變得豐富有趣。「黑洞、吃播、時間旅行、減肥、外星人、超級英雄、靈異、加密貨幣、地球毀滅……」如果想對上述主題不懂裝懂，只能好好研讀科學了。若是覺得學習壓力太大，還有一個方法，就是好好拜讀一下《你也被唬弄了嗎？20個最容易被誤解的科普知識》，當作任何話題都會讓你毫不遜色！

——張東善（장동선，《懂也沒用的神祕雜學詞典》（簡稱《懂沒神雜》）的腦科學家，《大腦中另有大腦》與《大腦想跳舞》的作者）

這本書的另一個書名應取名為「連結」，它為人類與科學、日常與科學、歷史與科學、好奇心與科學等搭起一座橋梁。在變化迅速的現代社會，科學已經密切滲透其中，所以現今的人們反而對科學的存在遲鈍無感。這本書沒有任何艱澀難懂的單字，閱讀時也發現自己其實生活在科學中。軌道君給我的感覺，是一名和藹可親的科學工作者，如同他開朗的性格，他闡述的科學也令人感到輕鬆愉快，但願能把這種「輕鬆兼具智慧」的感覺傳達給各位讀者。

——申智愛（신지애，職業高爾夫球選手）

作者是一位不斷研究如何將偉大而深奧的科學，變得平易近人的學者，跟著作者特有的幽默閱讀本書，你會發現自己不知不覺變得充滿自信，開始認為「其實科學也沒什麼大不了的嘛！」

——尹太珍（윤태진，主播）

自從在機緣巧合之下，與作者一同主持科學節目，如今我不管走到哪裡，都可以稍微賣弄一下科學常識。雖然都是相當粗淺的內容，卻因此成為契機和跳板，進而對科學產生更多興趣。沒有高難度的知識，也不是專家才能涉及的領域，希望你能以輕鬆的心情來接觸日常的科學。

——**Lady Jane（레이디 제인，藝人）**

1.《十二步腳印》一書簡介。Ref:http://poc-asia.com/%e3%80%8a%e5%8d%81%e4%ba%8c%e6%ad%a5%e8%85%b3%e5%8d%b0%e3%80%8b/

自序
不敢吃花椰菜的軌道君

我小時候不敢吃花椰菜，特別是那種又硬又生的綠色花椰菜，更令我害怕。但是第一次吃到蠔油炒花椰菜時，好像進入一個全新的世界。此時我才開始思考，這麼鮮脆又美味的食物，為什麼一直以來都被我當作拒絕往來戶？再加上吃花椰菜有益身體健康，根本沒有不吃它的理由。如今就算是生的花椰菜，我也能吃得津津有味。不過我周遭還是有很多人討厭吃花椰菜，我相信這是因為他們還沒有品嚐到花椰菜的真正滋味。所以為了讓大家不再排斥它，我製作了讓大家樂於食用的新式蠔油炒花椰菜。若是你可以適應這個味道，從今而後就有機會享受到更多元的花椰菜料理。我把這樣的花椰菜稱之為「科學」，希望我寫的這本書，能夠成為專屬你的蠔油炒花椰菜。

我是一位年輕的科學傳播者，對於想要聆聽科學故事的人，我強調的是「關懷」才是科學溝通的根本。我畢業於延世大學天文宇宙學系暨研究所，先前在韓國天文研究院工作，日前為了發揚科學文化，打造了各式各樣的平台。曾擔任青瓦台科學技術領域政策諮詢委員、首爾藝術大學兼任教授等職務；以這些經驗為基礎，腦海中不時思考，什麼才是大眾想要的東西。我主修人造衛星軌道，所以為自己取了「軌道」這個藝名。我在AfreecaTV（韓國知名LIVE實況直播平台）開設了韓國第一個科學脫口秀節目，同時也是經營時間最長的正式節目《科播TV》，至今已經四年了。此外，還參與新概念科學播客《科笑臉》（用科學來開玩笑真丟臉），以及YouTube正式科學頻道《虛構的科學》。夢想自己某天能成為改變世界、為人類進步有所貢獻的男人。今天的我，依然會減少睡眠，繼續激發新想法。

第一部

人類應該要抱持
好奇心，
去走沒走過的路

你所不知道的酒精科學

一天一紅酒，醫生遠離我？

如今，所有的喜悅都變成了悲傷，
每一杯葡萄酒都成為了毒藥。
獨自一個人，
少了你在我的身邊，
從沒想過會是這麼的苦澀。
——赫爾曼．黑塞①（Herman Hesse）的〈沒有你〉（Without You）

簡而言之，喝酒就是傷身。心情好的時候喝酒，副作用是喝完之後，人會變成各種動物。分手之後痛苦地喝酒，當然只會苦上加苦。但是酒對身體不好的這件事，究竟是不是事實呢？怎麼樣的程度才算是適當飲用？這種事，就連酒瓶上的警語也不會告訴你。

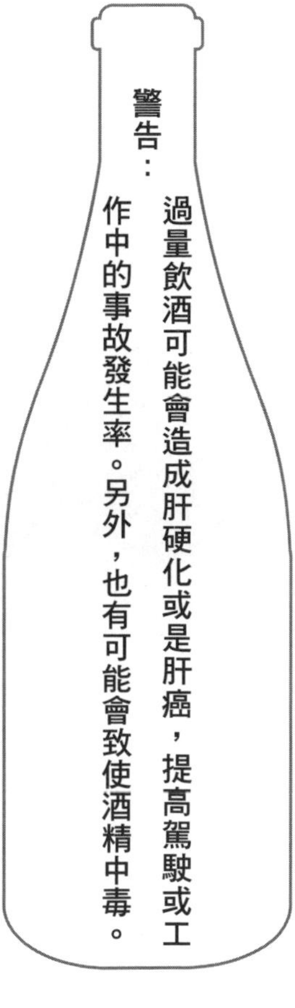
警告：
過量飲酒可能會造成肝硬化或是肝癌，提高駕駛或工作中的事故發生率。另外，也有可能會致使酒精中毒。

大家喜歡喝的酒，也是酒精的一種，科學家稱為「乙醇」。包括我在內的科學家，也都很享受乙醇的滋味。不過我們當然不會在實驗室裡，直接打開酒精燈的蓋子，大口大口地暢飲起來。因為酒精燈裡的乙醇，含有甲醇的成分。如果抱持著「這兩個傢伙應該半斤八兩」的想法，不經意喝下去，你的內臟就會被福馬林溶液硬生生剝除下來，親身體驗什麼叫作生不如死的感受。甲醇氧化之後會產生甲醛，含有甲醛的福馬林溶液通常作為消毒劑、防腐劑或殺蟲劑等。

① 德國作家，一九四六年諾貝爾文學獎得主。

一杯乙醇→移動到肝臟之後分解→乙醛登場→大腦運作異常
一杯甲醇→移動到肝臟之後分解→甲醛登場→瞎眼或死亡

若是把純度百分之一百的乙醇裝在酒精燈裡，喝下後也只有輕微的宿醉感，感覺還不錯。不過，為何非要混進一點甲醇呢？因為以正當流通管道銷售的所有酒類，都必須課稅。若是每個實驗室，都有人把多到溢出來的乙醇加水稀釋，當成飲用酒來販售，酒類的流通就會出現很大的問題。即便如此，總不能把實驗材料當成酒類來課稅吧？因此，只好在無法徵收稅金的乙醇中摻入甲醇，以免有人拿來飲用。雖然這個方法看似不近人情，卻簡單解決了一不小心就會引發混亂的問題，不失為一個優秀的好點子。

經常聽到有人過度飲酒後，「由人變成狗」（韓文的喝醉了會變成瘋狗的意思，類似中文的酒後失態）的故事。這個故事是從哪裡開始出現？為查證這點，我們必須把焦點集中在乙醇上。乙醇的化學式是 C_2H_5OH，它的分子模型如左圖。我們喝了長得像小狗模樣的分子，所以大家也都變成小狗了。狗是在數萬年前為了馴養狼，而發展出來的人類最佳伙伴。隨意使用「由人變成狗」這句話，對狗來說似乎有點抱歉（事實上比起狗，喝醉的人的行為舉止，我覺得更接近四肢瘋狂搖晃的人形氣球）。希望大家把它當作一個理工科實驗室的小小幽默，輕鬆看過就好。

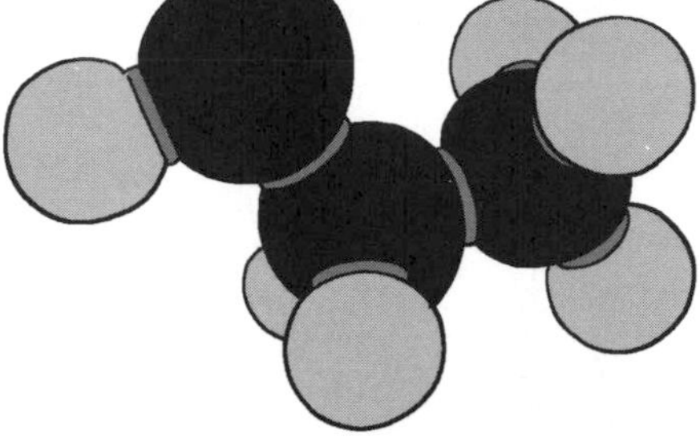

外型與小狗極為相似的分子模型圖（詳細說明就此省略）

偶爾在報導上，看到有人健健康康活了很長的歲月，據說這些長壽人士的秘訣，就是規律地飲酒。聽說擁有世界上最長壽紀錄的珍妮・露意絲・卡爾門（Jeanne Louise Calment, 1875~1997，足足活了一百二十二歲）她在享用午餐時，也會飲用一杯葡萄酒當作佐餐酒。這位老奶奶九十歲時，把自己住的房子賣給一位律師，聽聞她並沒有直接收下賣屋所得的款項，而是以「直到她去世為止，每個月必須支付五十萬韓元（約台幣一萬二千三百元）的生活費給她」作為條件，簽訂了賣屋合約。不過，最後律師卻早她一步離開人世。這三十二年間，律師及其遺孀所支付的金額是原先房價的兩倍多[1]。卡爾門奶奶曾想過這樣的結果嗎？雖然這筆收入不在預期之中，不過，看來她喝的葡萄酒發揮了很大的作用！

所以說，飲酒反而是為了生活健康，甚至有各種研究成為飲酒正當性的堅強後盾。此外，還出現了「法國悖論[2]」的說法，世界各地都流傳著，法國人之所以更健康，主要是因為他們喜歡喝紅酒。最近美國聖地牙哥大學發表了研究成果，表示酒喝得愈多的人，大腦也愈健康。研究結果顯示，每天喝三杯烈酒的人，在八十五歲之前都不會罹患老人痴呆症。也許韓國的養樂多不該主打「含有十四種有機農蔬果的每日果汁」，而該增加小麥的成分，改推「一日烈酒」，說不定可以增加銷量。如此，不禁讓人思考，不常喝酒的人，難道是不擅於健康管理的傻瓜嗎？

法國悖論是以一種名為「白藜蘆醇[3]」的物質作為依據。據了解，由於葡萄皮和葡萄籽中含有較多的白藜蘆醇。比起水，它更容易溶解於酒，因此葡萄酒中的含量更高。此外，透過動物實驗，確認該物質還有防止老化的功效。不過問題在於，若是想要達到最佳效果，每天必須飲用三十瓶左右的葡萄酒。雖然不曉得每天只喝一、二杯的攝取量，究竟能達到多大的效用，但無論如何都想喝一杯時，葡萄酒就是你首要之選。

若大家讀到這裡時，立刻把珍藏多年的紅酒拿出來，用開瓶器把軟木塞拔出來，我要先向各位致上歉意，因為你可能等下就會失去心愛的紅酒。在此鄭重聲明，先前提到的各種研究結果，全都不足以採信（另外，關於適當飲酒可能會對健康不利的研究，也還在進行中）。

加拿大維多利亞大學以主張飲酒有正面效果的論文來驗證，調查結果顯示，在選定參與研究之調查對象的過程中，發現了根本性的問題。請參閱下述的兩個群組[2]：

A群組：完全滴酒不沾的人
B群組：每天小酌一、兩杯酒的人

原本應該比較這兩個群組，但實際上A群組中的大多數人，都是因為飲酒過量而健康狀況變差、最後不得不戒酒；也就是說，把那些雖然想喝酒、卻不能喝酒的危險族群，當

②「法國悖論」（French Paradox）是一九九〇年由一位美國記者創造的流行用語，意指法國人經常吃高脂肪食物，膽固醇的數值較高，但是心臟病致死率卻只有美國人的一半，這個現象即被稱為「法國悖論」。

③ 由植物中萃取出來的白藜蘆醇（Resveratrol）對於抗癌、抗病毒以及延長壽命等有一定的成效，但是對於人體的毒性或是長期服用時的副作用等，至今尚未有明確的研究報告，得以證實對人體健康有益。

成是不喝酒的健康人士，拿去與B群組的人比較健康狀況。後來，他們把A群組喝酒後導致健康惡化、之後才戒酒的人排除在外，重新再比較一次，結果顯示：其實幾乎不飲酒的人身體才最健康。

讓我們看看另一個例子：美國有一項研究顯示，適量飲酒對防止大腦老化有顯著的效果，但是英國研究卻出現了相反結果，適量飲酒會損傷大腦的認知功能。難道每個國家有不同的「飲酒」定義？在美國喝酒對健康有益，在英國喝酒就會損害健康？從華盛頓杜勒斯國際機場飛往倫敦希斯洛機場的途中，若在飛機上喝紅酒，是否只剩下一半的好處？我們到底該相信誰說的話？

有人可能會抱怨，為什麼關於人類的壽命、人類生活方面的研究，有這麼多不確定因素？但這也沒辦法，如果將地球的年齡換算成六十秒，就算從人猿時代開始算，人類生存迄今也不過零點零零一秒。與地球相較，只能算是稍縱即逝的瞬間。目前人類的存活歷史很短暫，雖然很遺憾，但人類確實還無法立足於名為科學的實驗台上。

總之，為解決這個混亂的局面，美國國家衛生研究院（National Institutes of Health）決定負起重責大任。之前關於飲酒對健康影響的研究，都只針對部分的對象。據說這次的計畫橫跨歐、美、非等地的十六個城市，選了八千名以上的對象，是為期六年的大規模國際實驗。如今，終於能期待漫天大霧徹底消失了！只可惜，撥雲見日的機率還是很低。光是臨床實驗費用就得耗費約一億美元（約台幣二十四億六千萬元），其中，百分之七十以上的研究經費，預計由世界最大的酒品企業④捐贈。如果你是酒品企業老闆，是否能袖手旁觀，讓飲酒對身體有害的研究結果，出現在世人的面前？我個人認為，不管再怎麼強調研究的純粹性，身為贊助方，恐怕很難坐視不管對自己不利的結果。總之，是否要相信這樣的研究結果，選擇權在你。

與完全不飲酒的人相比，少量飲酒的人較為長壽，祕訣並非喝酒對人體有益，而是因為他們的社會地位。研究結果顯示，少量飲酒的群組中，教育與生活水準相對較高[3]，且通常經濟較有餘裕，這可能是他們較健康的原因。然而，飲酒本身卻很難成為有助身體健康的理由。「適量飲酒反而有益健康」這句話，現在已經成為酒席上最好用的飲酒藉口了。

剛才開瓶的紅酒，現在已經醒好酒了，你還是放輕鬆，好好品嚐一口吧！對健康有害怎麼辦？變胖的話怎麼辦？這些負面的意象訓練，只會對你的身體產生更有害的「反安慰

---

④ 安海斯—布希英博集團（Anheuser-Busch InBev）、海尼根（Heineken）、帝亞吉歐（Diageo）、保樂力加（Pernod Ricard）、嘉士伯（Carlsberg）等企業預計捐贈六千七百七十萬美元（約台幣十七億元）。

劑效應」（nocebo effect）（與安慰劑效應〔placebo effect〕相反的概念，因為病人相信有害健康，受到負面影響所導致病情惡化的現象）。不如學習一下天性樂觀的法國人，與其夢想健康的生活，不如從飲食的行為來享受單純的快樂。紅酒的色澤，宛如把玫瑰花壓碎後，產生的耀眼光芒，填滿杯子的美麗色彩是無法被取代的。那麼用適當飲酒來向他人炫耀自己的健康，有何不可呢？

來一場深海溫泉之旅吧！

海洋是比天空和陸地更神祕的世界

你游泳技術還不錯嗎？曾試過浮潛或水肺潛水？如果你潛水過，我很好奇你能到達多深的地方？或許還稱不上水中蛟龍，有些人天生熟悉水性。炎炎夏日，這些人聚集在一起，互相較量經驗時，有一個炫耀的話題絕對不會漏掉：就是自己有多頻繁、潛入多深的水域等個人主觀的數值。但就算把他們說的數據全蒐集起來，跟我們接下來要討論的偉大事蹟相比，也不敵百分之一。

戴上潛水鏡和鴨蹼，摸過海裡的海星之後，你會產生一種錯覺，以為自己看到的地方就是大海的核心，這只是無稽之談罷了。一般來說，水中散步的海域，只占了海洋整體的百分之五，剩餘的百分之九十五，就算賭上自己的性命，也難一窺究竟。請別忘了，海洋占據地球表面百分之七十以上的面積，最大深度超過一萬公尺。你覺得看起來不怎麼深？用陸地上最具高度象徵意義的聖母峰來說，高度也只有八千八百四十八公尺。試想一下，海洋的深度不亞於飛機的飛行高度，這樣應該更有真實感吧！

讓我們像《玩具總動員》中的胡迪，順著繩子進入浴缸裡的水管，一步步往下走。繩子的長度以馬里亞納海溝⑤的最大深度為基準，約一萬九百九十公尺。首先，往下移動三百公尺左右，抵達時，會先遇到以挑戰人類極限為樂的水肺潛水員。其實到這裡為止，我們只是隨著腦中的景色向下走。在播放大自然紀錄片的節目裡，經常可以看到形形色色的魚群自在地悠遊玩樂，偶爾還可以看到觸礁沉沒的潛水艇殘骸。

接下來通過了一千公尺處，光是走到這個深度，就已經進入全然的黑暗之中。這裡有許多長著一雙雙奇特眼睛的小傢伙，牠們用這樣的眼睛聚集微弱的光線。雖然人類算是很熟悉黑暗的物種，但是海底那種黑暗，光是想像都會感到毛骨悚然。因為令人感到恐懼的，不僅僅是黑暗而已。一位法國小說家透過走在時代尖端的作品，以數學的方式描述深海的可怕，他形容那是一種「令人崩潰的恐怖」。

「你聽我說，一大氣壓等於十公尺高的水柱。在現實中，一大氣壓比十公尺高的水柱略低一點。但海水是鹽水，鹽水比淡水的密度大，因此當你進入水中，身體每下降十公尺，身體就會受到相當於一大氣壓的壓力。再來，體表面積每平方公分要承受一公斤的壓力。水深一百公尺處的水壓為十大氣壓，水深一千公尺是一百大氣壓，水深一萬公尺就是一千大氣壓。換句話說，如果能到達水深十公里的深度，你的身體每平方公分必須承受一千公斤的壓力。」

法國小說家朱爾・凡爾納（Jules Verne，現代科幻小說的重要開創者之一，被後世譽為「科幻小說之父」）的科幻小說《海底兩萬哩》（*Vingt mille lieues sous les mers*）裡，從主角

⑤ 從太平洋北馬利安納群島的東側，往縱向延伸的海溝。與人們熟知的亞馬遜叢林一樣，馬里亞納海溝也吸收了大量的溫室氣體，被認為是另一個地球之肺。

阿羅納克斯（Pierre Aronnax）博士和魚叉高手內德（Ned Land）的對話中，就能看出作者對深海無窮無盡的想像力。在那個時代，很多孩子的夢想是成為一名船長，駕駛著「鸚鵡螺號潛艇」穿梭在深海中。一八六九年，這本小說完成時，儘管潛水艇尚未問世，但在凡爾納的作品中，已經可以看到完成度非常高的潛水艇描述。反過來說，這本小說完成後，間接影響了與潛水艇相關的科學技術。就像這樣，創作者的想像力影響了研究者，不僅可以讓科學技術進一步發展，還能反過來，讓創作者從科技的進步中獲得更多靈感，創造出更新穎的作品。另外，研究者富有興致地閱讀作品後，可能會重展實驗，探討實現的可能性。如此一來，等於是研究者和創作者在彼此不知情的狀況下，已經默默合作了許久。

我們的深海之旅現在才正要開始。這裡有一種連水壓也拿牠無可奈何的生物。從水深二千公尺處起，會出現一個地球歷史上既存的食肉動物中、體型排名前五大的巨型傢伙。勁道十足的大王烏賊是牠最愛的食物，牠就是抹香鯨（sperm whale，其嘔吐物或糞便裡有一種「龍涎香」的物質，常用來製作高級香水）。從這些傢伙腦袋裡榨出的油脂，被稱為鯨腦油。船員覺得這東西看起來黏糊糊，以為是鯨魚的精液，所以才取了這樣的名字。這種鯨魚的長度是人類十倍的身高，體重接近五十公噸。這麼大的動物究竟如何在深海中不被水壓擊敗、不屈不撓地生存下來？

據說，若是把深海生物帶回地面上，原本附加在牠身上的壓力突然減弱，會造成軀體爆炸，因此有深海魚打撈後爆炸的說法。另外，也有人說深海魚要承受巨大水壓，所以外皮相當堅硬，一般火力攻擊不會對牠們的皮膚造成任何傷害，彷彿穿了一層盔甲。想必大家都聽過類似的說法。在深入探討前，先確認一下這些說法究竟有沒有科學根據。

拿著氣球往山上爬，愈往上走，氣壓會變得比在地面低，加壓在氣球外面的力量變得愈薄弱；相對地，氣球內部往外推的力量變得更強，所以氣球會愈變愈大。就像這樣，氣體會隨著不同壓力，而有急劇的變化。大部分的魚類為了調節進入體內的不安定壓力，身體裡有一個維持體內壓力的器官——叫作魚鰾。

魚鰾是魚類在水中上下移動時，隨身攜帶的氣囊。往深處游時，魚鰾內的空氣排出，身體變得沉重；往上方游時，魚鰾會充滿空氣，然後變大。但若是在深海裡帶著隨身氣囊游走，身體很容易被水壓擠扁。水壓實在太過強大，光是空氣這樣的氣體還不足以支撐。

但如果氣球內的物質不是氣體，而是液體或固體，就另當別論了。同樣地，爬到山上，裝著水的氣球大小不會輕易改變。因此，深海生物也會以液體類的油脂來取代空氣、填充魚鰾。油的比重比水小，可以發揮作用。所以抹香鯨體內被船員誤以為是精液的鯨腦油，也是藉由溶解或凝固而改變比重、作為深潛與上浮時的浮力調節器。一般情況下，牠可以連續潛水九十分鐘以上，潛水時幾乎不需吸入空氣，所以才能承受深海裡強大的水壓。

出於相同原因，深海生物會在體內四周填滿體液。若有氣體跑到任何一處空隙，會有莫大的危機。因此必須完全消除這種可能性，讓穩定的液體嚴密地停留在體內，才能在深海中長久又安穩地生存下來。當然，這個原理只適用於大自然生態，即使是完美重現深海環境的水族館，住在裡面的深海生物也會因為極度的壓力，而出現類似壓力性圓形禿的症狀。對牠們而言，仍存在許多無法跨越的高牆。

有一位好奇心強盛、比任何人都喜歡深海世界的少年。他原先住在加拿大內陸的一個小鎮上，他實在太熱愛海洋，所以年僅十五歲，就已下定決心要當一名潛水員。不過最近的大海離他居住的地方，開車要十小時以上。儘管如此，他還是繼續纏著父親，堅決不肯放棄夢想。最後在ＹＭＣＡ會館裡的游泳池，考取了潛水員證照。數十年後，他獨自乘坐載人潛水艇（他從潛水艇的設計階段就開始參與），來到了位於太平洋的馬里亞納海溝，創下了世界上最深海底潛水的新紀錄。這個故事的主角就是以電影《阿凡達》、《鐵達尼號》等電影，舉世聞名的詹姆斯・卡麥隆（James Cameron）導演。

再往下接近到四千公尺處，就可以看到導演親自拍攝的電影《鐵達尼號》中，第一幕出現的鐵達尼號殘骸。導演本身是一位「深海狂粉」，甚至有人開玩笑，他之所以會拍攝《鐵

就是這個!
收藏!

達尼號》，真正的原因是為了免費潛到深海，去看看鐵達尼號遇難的地方。另外，作為參考，卡通《海綿寶寶》裡的主角——原型海綿動物，主要也是生活在這個區域。

再往下降到六千公尺處，我們的深海之旅已經過半，也超過了平均海底深度。俄羅斯為了研究探勘而開發的和平號潛水艇，最大的下潛深度也是在這裡。方才提及的卡麥隆導演在拍攝《鐵達尼號》時，曾向俄羅斯租借這艘潛水艇。它有時作為遠程操作的探測器，有時作為載人的潛水艇。它在深海持續探測時，發現了在二十世紀前一直被視為死亡之地的海域，如今已成為地球上最多樣生物的萬物寶庫。成群結隊的海膽與海參正翻動淤泥和沉積物，從中找尋美味的食物。各種小蟲子、海星、貝殼和甲殼動物，也密密麻麻地聚集在此。

到了海底這個深度，擁有發光器官（散發出光芒的裝置）的生物明顯減少。淺海一點的生物，還可以透過發光器官互相辨識，也可作為誘餌。但如今這個深度的海域，已經形成一大片濃密的黑暗，發光器官也變得毫無用處。反正都已經伸手不見五指了，所以牠們乾脆放棄視覺功能，改發展出超越極限的感覺器官。雖然獵食的場所無邊無際，但想遇見獵物卻如摘星一樣困難。為避免消耗非必要的能量，牠們的體積愈變愈小。大多數的傢伙不是占地為王，就是像遊手好閒的公子哥、四處漂流遊蕩。最後連戀愛也懶得談了，乾脆以雌雄同體的形態來過日子。

我曾看過一篇關於印度某位八十三歲奇人的相關文章[4]，這位奇人竟然長達七十年未曾進食或飲水。德國一位科學家也說過，人類生活所需的能量不是透過食物取得，而是藉由光合作用來轉化能量，而他本人在四年間僅靠光合作用，也活得很好。在人類的世界，這些都是值得出現在《神祕的 TV Surprise⑥》裡的故事，不過在深海裡，都是司空見慣的小事。這裡有的是完全不需要進食，依然活得優雅從容的生物。

深海之處，有一個叫作「海底熱泉」（攝氏四百五十度的熱水，從海底經此噴發口噴出）的地方。這是深海生物的遊樂場，地位相當於沙漠中的綠洲。雖然聽起來理所當然，不過試想一下，在這樣的深海裡，太陽完全無法照射進來，所以就連德國科學家說的光合作用都無法進行。就像地面上的生命體從太陽得到能量，深海生物則把這裡當作棲身之所。有些細菌以海底熱泉噴出的硫磺為食物，牠們吃了硫磺後排出的糞便，正好成為深海生物的碳水化合物來源。也就是說，這裡雖然沒有太陽的光合作用，仍可製造出碳水化合物。路是人走出來的，生命也會找到自己的出路，這句話果然是千古不變的真理。

⑥編註：韓國ＭＢＣ電視台的節目，透過類戲劇的方式，介紹國內外有爭議性的超自然和神祕現象。

八千公尺下方是海溝的延伸範圍，這裡已經沒有什麼特別的傢伙。雖然能生存在這裡，本身就是一件了不起的事，但牠們的長相卻很平凡，身材也很小巧。這裡的水壓每平方公尺高達八千公噸，水溫降到了冰點。即便在如此惡劣的環境下，牠們仍過得怡然自得。果然不管到了哪裡，看似最不起眼的普通傢伙，往往是深藏不露的角色。儘管如此，這些傢伙大都不勤快，平時連動都懶得動。不是隨手撿掉在地上的東西來吃，就是靠食用其他生物的屍體來生存。

位於海底深處的各個海溝其實並不相連，所以每個海溝裡都有完全不同的新物種，因為想要在深海裡移民並不容易。令人驚訝的是，明明是不同的物種，牠們卻有極相似的外貌。是什麼意思？就像你在沙漠拍了駱駝的照片，然後帶到火星去，發現那裡竟有長得和駱駝一樣的外星生物，大概就是這種感覺吧！這些完全無法見面的生物，因為生存在類似的環境中，而演化出了相似的形態和特徵。

目前地球上已知的生物種類估計一百九十萬種，這當然是排除深海生物後算出的數值。如果把這些深海中成群結隊的傢伙也一併算進去，預計會增加三十倍以上。這麼一來，《生命大百科》（*Encyclopedia of Life*）[7]可能得從頭改寫了，這恐怕是件十分艱巨的工程。

身體不舒服時，就想在白煙裊裊的溫泉裡泡個熱水澡，化身懶洋洋的貓咪。當你把身體整個浸泡到溫泉池，水有浮力，身體會變輕，原先附加在腿部和腰部上的負擔也會相對減少。另外，溫泉水可以促進血液循環。受到水壓的影響，像是鬆弛的啤酒肚和大腿等部位，自然而然達到按摩般的效果。所以身體難免變得疲軟無力，也會逐漸有睡意。偶爾試著讓自己浸泡在熱水中，就像在海底熱泉嬉戲玩耍的深海生物。餘暇之際，打個小盹，做個甜美的好夢。前提是，你可不能有深海恐懼症！

⑦ 由倫敦自然歷史博物館、哈佛大學、美國海洋生物研究所等，十家世界級傑出研究機構共同合作。將包括哺乳類動物在內，以及昆蟲、細菌、黴菌等，目前為止發現的所有生物，整合在一起並編製成冊。

走著走著，就掉進黑洞了

黑洞是什麼？就是一顆死掉的星球

當你洗完澡，拔起浴缸排水孔的塞子時，水管總會發出一種奇怪的聲音，浴缸水隨後緩緩排出。若是你也跟著被吸入排水孔，會變成什麼模樣呢？雖然腳踝並沒有脆弱到會讓我們陷入這樣的危機，不過，萬一排水孔裡有一股超級巨大的力量，讓我們拚盡全力也無法抵抗被捲入的話……光是想像就覺得毛骨悚然（我可不是因為不喜歡洗澡，所以才有這樣的想法，希望大家不要誤會了）。我們過去所知的黑洞面貌，大致上就像這樣子。在電影《星際效應⑧》之前的電影或漫畫裡，大部分的黑洞形象都是深不見底的黑色洞穴。但是該電影的編劇強納森為了真實呈現出黑洞的樣貌，特地跑到加州理工學院⑨進修四年後，才與哥哥克里斯多夫一起在電影中，以不同手法展現了全新的黑洞形態。

事實上，黑洞並不是出現在宇宙裡的洞，也不是浴缸裡的排水孔。為何它會把其他完好的物質全都吸到裡面？連一秒可以繞行地球七圈半的光速小子，也無法逃離黑洞的魔掌，這也是眾所周知的事實了。這是因為黑洞由重力形成，這傢伙的內在深不可測，而且相當陡峭，誰也別想逃出來。為什麼宇宙空間會出現這樣的黑洞？既然你已經看到這裡，請務必抓住拓展知識的好機會。其實黑洞並不是單純的洞穴，而是星球消逝後留下的遺骸。如今，該進一步了解真相了。

以前在英國，黑洞被稱為「黑暗之星」（dark star），前蘇聯則稱為「冰凍的恆星」（frozen star），真是名副其實。因為它本來就是一顆滅亡的星球，光線也無法從中逃脫，想必當然很黑暗。因為這顆死亡星球很獨特，所以從某個時候開始，人們便把這個星球的殘骸稱為「黑洞」。

為了讓大家簡單了解黑洞，我們把主角換成比較容易理解的對象——每天踩在腳下的

⑧ 該片是二〇一四年上映的一部科幻冒險電影，由哥哥克里斯多夫·諾蘭（Christopher Nolan）擔任導演，弟弟強納森·諾蘭（Jonathan Nolan）於加州理工學院（California Institute of Technology）在基普·索恩（Kip Thorne）博士的協助之下，完成劇本編寫。

⑨ 與麻省理工學院（ＭＩＴ）並列為理工學院界的雙雄，是美國最頂尖的知名大學，縮寫為「Caltech」。

地球。人類之所以可以在地球上行走、踢足球、在電影院看電影，都是因為地球緊緊抓住了我們。不過地球並不是用魔鬼氈或膠帶，把我們的腳底黏在地球表面，它只是在宇宙裡挖了一個會無限墜落的坑洞。本來我們應該掉到洞裡，但在墜落的路徑上，地球用自己胖嘟嘟的身軀擋在前頭。我們才沒有掉進去，而被牢牢固定在地球上，不再往下掉。換句話說，地球將墜落的我們支撐起來。四維空間裡之所以出現這樣的坑洞，都是因為重力；愈不容易從坑洞掙脫而出，就表示重力愈強。事實上，所有具備質量的物質，都會製造出這樣的坑洞。即使把全體人類的質量加在一起，與地球的質量相較之下，不過是滄海一粟。如果把地球比喻為人的身體，全體人類的質量加總起來，連唾液的一小粒細菌也達不到。所以我們只能認命地接受地球的重力。若是質量愈大，坑洞裡就會愈陡峭；愈接近坑洞，墜落的力道也會更強烈。

我們建立一個新假設吧！若是地球的體積慢慢地縮小，會變得如何呢？如果讓地球胖胖的肚皮稍微縮小一點，也許我們會以站在地球表面的狀態，持續往下墜落，直到地球停止縮小為止。在地球的肚皮不再瘦下來之前，我們會經歷各式各樣的變化。無論如何，還是能生存下來。換句話說，如果腳沒有踩在地上，我們還是會繼續墜落下去。

但萬一地球突然縮小到比花生米還小，狀況又會如何？你將會以迅雷不及掩耳的速度，往變成花生米的地球中心摔落。何止如此，連地球表面所有的生命體和物質，都會急劇墜落並聚集在那一個小小的點上。突然出現一個吸力超強的坑洞，所有物質間的距離幾乎密不可分。我們只能束手就擒，乖乖地被吸力帶往那一點，這正是我們所熟知的黑洞。

一般的星體皆有體積和重力。重力持續增強下，所有能量努力地匯集在星體的某一點上，於是星體開始逐漸壓縮，組成星體的物質開始激烈地鬥爭起來。你只要想像，上下班時間地獄般擁擠的捷運，就可以明白那是什麼畫面。當人們陸陸續續地擠進同一節車廂，空間會被壓縮到極限；到了某個瞬間，就會達到再也無法壓縮（已經無法再壓縮了，此時乘客也無法再擠上車）的狀態。星體也一樣，無論重力如何擠壓，只要壓縮到一定程度，會到達再也無法壓縮的臨界點[10]。所以星體會保持它原來的大小，持續一段時間，並散發出明亮的光芒。我們每日所見的太陽，也是依照同樣原理運作著。

但萬一星體的體積非同小可呢？如果這是一顆質量完全超乎想像的巨大星球，即便已經達到無法再壓縮的極限，就算裡頭的物質喊叫求饒，它依然暴力攻擊，繼續壓縮。順帶一提，這個極限是由一位印度科學家錢德拉塞卡（Chandrasekhar）發現的。他在乘船前往

⑩ 朝向恆星中心的重力與朝向外部的輻射壓力形成了一種「流體靜力平衡」（hydrostatic equilibrium）的狀態。

英國的旅程中，僅僅十八天就算出這道公式（腿軟了吧！這就是天才與凡人之間的差別），因此以他的名字命名為「錢德拉塞卡極限」（Chandrasekhar limit）[5]。當質量超過某個極限，重力對內部物質的激烈爭鬥視而不見。就算物質碰撞後引發核聚變爆炸也一樣，它只是繼續默默地往同一點壓縮。當然，這個過程需要一段很長的時間。最終，這顆星球會變成所有質量幾乎凝聚在同一處的怪物。它已經沒有實體，只是一個存在重力的坑洞，變成宇宙裡的　個螞蟻地獄，虎視眈眈所有經過身邊的東西，一有機會便全數吞下。

現在，我們已準備好向黑洞致敬。下次如果有人問到，黑洞究竟如何誕生，為何它吞噬一切事物時，你就可以好好賣弄一下知識。若有人問你黑洞到底是什麼東西，你只要不疾不徐地回答：「它只是一顆死掉的星球」，一切就搞定了！

這些宇宙中的平凡星球，有眾多天文學家嚴密地觀測它們的一舉一動，他們的行為與知名偶像的私生飯（韓國用語，指喜歡刺探藝人私生活的歌迷）相差無幾。他們進一步發現，原為「平凡星球的黑洞」與「黑色坑洞」之間的差異。在談論這件事之前，我必須先問各位一個問題：請問你現在單身還是有伴侶？如果你誕生在宇宙、只是眾多星星中的一顆，被問到這個問題時，你就不需要暗自啜泣了。因為大部分的星星都不是單獨個體，而是成雙成對的存在。也就是說，星星的世界，根本就是有情人的天下。甚至跟灑狗血的連續劇一樣，三角或四角關係也很常見。雖然研究黑洞的科學家，找出各式各樣的黑洞候選人，但其中有情侶關係的人選實在太多了。這些情侶星球與母胎單身黑洞，它們的生成過程還是略有差異。「現實的黑洞」確實與「黑色坑洞」不一樣。

我們再研究一下黑洞的生成原理。不妨想像一下，有兩顆巨大的星球，就像兩顆巨大的西瓜並列在一起。今天這兩者中，有一個傢伙會變成黑洞，另一個傢伙則像青蛙鼓起的腮幫子，愈變愈大。

首先，站在壯碩的青蛙小子的立場，用它的角度仔細觀察。你會發現，此時的重力就像首爾地鐵新道林站的月台（多條地鐵的轉乘站與交會處，月台設置較複雜），到了無法支撐的混亂狀態。雖然自己不斷變得強大，但扭頭一看，旁邊的那個黑洞是不是正在偷偷吸收我？唉唷！雖然趕緊回過神來，但我的身體已經被一步步吞噬了。

就像按下吸塵器的自動開關，這隻巨大的青蛙開始往黑洞的方向旋轉、被吸進去。大量的物質以黑洞為中心，一邊在周圍旋轉、一邊等著被吸進去，形成了一種圍繞黑洞轉動的圓盤，稱之為「吸積盤」，形成漩渦後會吸入物質。物質爭先恐後地想要進去，在過程中它們不斷碰撞。在摩擦生熱的狀況下，進而釋放出強大的能量（巨大的重力能量釋放時，會發射出X光，周圍的星體將變成一片荒蕪）。這些物質被吸進黑洞前，感覺像在垂死掙

喂，我可不是食物！救命啊，救命！
世界上沒有什麼東西是不能吃的～

扎。眼看壯碩的青蛙小子被黑洞吞噬，固然遺憾，我們卻能從地球上觀測到能量釋放的現象，藉此確認黑洞的存在。當然，宇宙中的黑洞並非長得像《星際效應》裡的樣子。實際上，它的外圍並沒有環繞一圈用肉眼就能看到的發光物體。但在電影中，導演為呈現出更好的視覺效果，以黑洞旋轉時釋放出的能量和重力透鏡效應（gravitational lensing）作為特效，在黑洞周圍形成一圈發亮的光環。

對黑洞好奇的話，可以透過進入裡面的東西來解惑。無論任何一道未知之門，若想搞清楚裡面究竟有什麼，只要向曾經進入這道門的人討教一下，往往能得到最準確的答案。但是名為「黑洞」的傢伙卻無法適用這個道理，一旦被它吸入，幾乎不可能逃出。「光」是宇宙中傳遞最多資訊的順風耳，以「光」這傢伙的例子來說，它以相當多元的形態存在，將宇宙各處的私言密語悄悄傳遞給我們。即便是這樣的角色，遇到黑洞只能舉手投降。一旦掉進黑洞，想逃出去，就必須經過無比複雜的過程[11]。可以隨心所欲地進入，想離開就沒這麼簡單。最終，只能討論進入過程中會發生的可怕流血事件。

⑪ 根據天才科學家霍金，以量子重力理論推測出的「霍金輻射」（Hawking radiation）理論，黑洞開始吸收周遭質量時，在黑洞視界外側產生量子波動作用時，可以逃脫，但必須耗費相當長的時間。

雖然有點膽怯，還是靠近黑洞查證一下吧！距離愈近，心中萌生出一股不太對勁的感覺。再往前走一點，重力開始急劇增強，這可不只是身體被強行拉走的感覺。因為重力會受到距離影響，而產生劇烈變化，所以先跨出的右腳與隨之跟上的左腳，兩腳受到的力道完全不一樣。右腳已經受到黑洞的牽引，往前拉開了相當大的距離，但左腳仍未走進黑洞。在這種狀況下，我的身體只能被扯成兩半了。

若這是一個非常巨大的黑洞，從進入黑洞到身體斷成兩半為止，必須經過相當長的時間。如果你準備了充足的食物和飲料，就可以支撐下去。或許在死之前，身體都還沒開始撕裂。根據愛因斯坦（Albert Einstein）的廣義相對論，重力較強的黑洞附近，時間也會過得比較慢。所以在遠方觀看黑洞的朋友眼中，你顯得從容不迫，過著相當舒適的日子呢！不過前提是，必須在外部可以觀測的狀況下，這個假設才有可能實現。

最後，我想聊一下那些想要進入黑洞的人。當記者問及，進入黑洞會發生什麼事時，一位在歐洲核子研究組織（CERN）工作的挪威科學家——莉蓮・史美斯塔特（Lillian Smestad）如此回答：

「我真的很想進入黑洞中，重力夠強的話，時間的流逝也會變得緩慢。在重力極強的黑洞中，時間幾乎是停止的狀態。相對來說，除了我以外，所有的時間都會轉眼即逝。這樣一來，我就能觀察到飛快流逝的宇宙時間，最後還可以看到宇宙的終結。」

比起自己的身體，身為一名研究者，擁有好奇心是一件更重要的事，她是一位天生的科學家。

科學家引領期盼的時間之旅

跑得比光速快，就能回到過去？

行至中年才陷入黃昏之戀的人們，經常會幻想：「年輕時的他，會是什麼模樣？」我認為，比起從肉體關係衍生出的好奇心，這樣的想像層次更高。那段我們失去的過往、來不及與你相遇的時光、還未擁有對方時，你的戀人會以什麼面貌、在煩惱什麼事情中，度過他的每一天呢？我腦中模糊地想起這些，思緒自然而然地飄到了未來，屆時的我們又會變成什麼樣子？

前往未來的時間旅行非常簡單。市面上早已推出，只要開啟程式就會帶你到未來的時間旅行遊戲[12]。但實際上，這種方法還不足以納入時間旅行的範疇。倍感魅力的時間旅行，應該由我們操縱時間，但在遊戲中卻無法這樣。舉例來說，如果你搭乘時光機到十年後的未來，你的年齡應該與昨天一致。但若是透過這種容易上癮的電玩前往未來，你仍會遵循大自然法則慢慢老去。

為了實現未來的時間旅行，我們需要愛因斯坦的相對論，他早已提出兩種有模有樣的方法。像電影和漫畫中看到的，以使用者為中心的旅行方式，奉勸大家不要過於幻想。自從赫伯特・喬治・威爾斯（Herbert George Wells）⑬在一八九五年，首次將時光機的概念運用在人類身上後，自此已過了一百二十多年，但直到現在，我們還是夢想能「砰！」地一聲瞬間消失後，隨心所欲地前往任何時空。然而現實是，一旦你消失後，就不能再度出現。因為在現代物理學中，沒有任何方法可以讓你消滅之後又重新復活，頂多只能讓你周遭的時間變慢。除了你之外，外面世界的時間會瞬間消失。如果你真的想試一下，不妨參考下列內容：

---

⑫ 一玩起來就讓人忘記時間，抬頭一看，才發現兩個月過去了。如三大惡魔般的時間旅行遊戲：《文明帝國系列》、《足球經理系列》、《魔法門之英雄無敵系列》。

⑬ 英國科幻小說家兼社會學家，與法國小說家凡爾納共同被譽為，科幻小說領域最偉大的先驅。

1. **依據狹義相對論的原理，如果移動的速度快到接近光速，移動中的人感受到的時間會變慢。**
2. **依據廣義相對論的原理，若靠近像黑洞重力極強的物體，時間也會變得比較慢。**

只要利用上述兩種拖延時間的方法，就能前往未來。換句話說，若是高速移動或從黑洞附近返回，時間會變得比別人慢。假設你在宇宙船上看了一年的漫畫，再健康地返回地球，你的朋友早就變成大你十歲的老人了。因為在這緩緩流逝的一年內，除了你以外，其他人都在須臾之間度過了十年的歲月。當然，想接近光速並非易事，而且去到黑洞附近後，也很難保證能安全返回。目前而言，能讓年輕的你前往未來的方式，只有這些了。

與去未來相比，回到過去當然更有趣。因為不管去了多遙遠的未來，只會被當作一隻傻呼呼的猴子。如果你到了科學極度發達、變成另一番天地的未來世界，或許短時間內會感到神奇，但除此之外，就什麼也沒有了。因此這裡跟你毫無關係，只是另一個觸不可及的世界。若是你想改變什麼，或得到實質上的好處，唯有回到過去，才是最佳的選擇。

可惜的是，要讓這個選擇變成現實，恐怕不容易。簡單點思考，根據狹義相對論的時間膨脹公式，若以接近光的速度奔跑，時間就會愈變愈慢；在跑速到達光速時，時間反而會停止。若此時再加快速度，甚至超越光速的話，時間會不會倒流呢？我真是想得太簡單了，人跑得再快，也比不上光速。不！應該說，能比光移動更快的物質，本身就不存在（除了未被發現的假想粒子「迅子」〔tachyon〕之外）。宇宙的四維空間在膨脹或旋轉的情況下，或許轉得比光速更快（在旋轉的黑洞裡，偶爾會出現四維空間比光速旋轉更快的情況）。但這不算是物質，只能排除在外。即使比光速更快的移動真的存在，時間也不會倒流，只會產生毫無意義的虛數（在時間膨脹公式中，時間變成負數的話，會產生倒流現象）。回到過去與前往未來的時間旅行完全不同，而無法回到過去，也與你的跑步實力毫不相關。

地球自轉一圈是一天，如果讓地球自轉速度變慢，這一天就會變得比較漫長，時間流動也會變慢。若把地球反方向轉，是不是就能回到過去？DC漫畫裡的超人也是這樣認為。一九七八年的電影《超人》，超人為了挽救意外死亡的女友，試圖讓地球反方向轉，想藉此展開時間旅行。遺憾的是，實際上並不會因為改變地球自轉的方向，就能回到過去。就算以接近光的速度繞著地球飛行，在狹義相對論的作用下，只有超人本人的時間會變慢。不過，也許失去心愛的人是令人不捨的事，所以電影的最後，超人還是讓時光倒流，回到過去並救回了女友。相反地，卻讓觀眾失去學習知識的機會。

話說到這，我已經可以看到，你對回到過去的時間旅行失去信心的樣子。現在放棄還為時過早，關於回到過去的方法和理論，學者至今仍鍥而不捨地研究。即使無法親自回到過去，但像偷窺狂一樣窺視過往，其實並非難事。對於每天都在觀測宇宙的天文學家，這又是習以為常的小事。

換點簡單的方式來思考，假設有一個長得像屁股的行星，距離地球有一光年之遠，地球的光芒到達屁股行星需花費一年。換句話說，若是你現在朝著屁股行星的方向，脫下褲子跳起《蠟筆小新》裡小新的舞蹈，屁股行星上那些長得像屁股的外星人，即使拿起望遠鏡，也要一年後才看得到你的屁股。相對地，在距離地球一億光年以外的某個行星上，外星人若用一台超高性能的望遠鏡望向地球，看到了地球的「現在」，藉著剛才抵達地球的光芒，可以看到白堊紀恐龍正在玩耍的身影。它們會以為現在統治地球的主宰，正是這些悠然自得又巨大無比的傢伙吧！至少在這一億年間，他們都堅信不移。

我們看到的宇宙景象總是過去的畫面，愈遙遠的地方，愈能看到更久遠的過往。連現在灑落在你家窗邊的光線，也不是方才誕生的熱騰騰光芒，而是大約八分鐘前的陽光。雖然時間不能倒流，但只要你跑得比光速快，就可以在過去的光到達前，先占有一席之地。

我們……還是別惹
那些傢伙吧！
一億光年

透過以前的光芒，窺探往昔的一切。雖然無法用這個方法，讓你找回以前遺失的錢包，卻可以看到丟失的瞬間，再看看之後錢包遇到了什麼困境。

接下來，讓我們正式回到過去吧！我們能使用的方式只剩下時空扭曲。以相對性而言，最方便的途徑是利用黑洞。這也意味著，剛才談到的方法純屬荒誕不經。

黑洞分為多種形態，這裡就不提複雜的名詞了。要前往時間旅行，我們只要記住以下兩種即可。母胎單身黑洞不會旋轉，但以情侶模式誕生的黑洞則會旋轉。母胎單身黑洞本來有個名字叫作「史瓦西黑洞」（由德國天文學家卡爾・史瓦西（Karl Schwarzschild）發現），聽起來很複雜，所以我決定繼續稱為「母胎單身黑洞」。情侶黑洞則加一個字，稱為「大黑洞」（最早在一九六三年，由紐西蘭科學家羅伊・克爾（Roy Patrick Kerr）發現）吧！彷彿站在險象環生的懸崖邊，不小心往前踩了一腳，整個人往下墜；在你一腳踏入黑洞附近，有一條宛如生死一瞬間的警戒線——叫作「事件視界」（event horizon）。母胎單身黑洞的事件視界只有一個，大黑洞的事件視界卻有兩個。即便母胎單身黑洞只有一個事件視界，一旦跨越這個門檻，只有死路一條。就算是開玩笑，若能打開黑洞的門，跨過那條警戒線，之後的一切只能任憑想像了。

有趣的事情，要從兩扇門（事件世界）的大黑洞說起。理論上，這兩扇門分別位於黑洞的外側和內側。打開第一扇門走進去，可能沒有被瘋狂吸入。但打開第二扇門，應該就會出現跟母胎單身黑洞一樣的結果——被瘋狂吸入。在此之前，介於兩扇門之間，會發生趣味十足的事。

就像《哈利波特：消失的密室》，門與門之間的空間是未知的世界。雖然用門來比喻，但你可別以為兩者之間的空間，就像臥房與書房間之間的走廊。其實這個空間，反而更接近蛋殼和蛋黃之間的蛋白。藉此可以明白一件事，這個立體空間本身是以光速以上的速度快速旋轉，就像遊樂園的旋轉設施，一站上去就頭暈目眩。同樣地，進入旋轉空間的瞬間，就能轉得比光速快。即使理論已經告訴我們，你不可能跑得比光速快，這個世界上沒有比光速更快的物質。不過讓你頭昏眼花的四維空間本身就轉得比光速快，所以你也在不得已的狀況下，移動得比光速快。

假設你站在大黑洞第一扇門前的時間，是地球時間的下午三點。打開門走進去，用比光速更快的速度轉了一圈後，出來時，你可能會回到上午十點的過往時空。而且在你進入第一扇門時，若能掌握方向，不是朝第二扇門、而是往黑洞的外側轉去，你可能會獲得天大的好運。不但可以回到過去，還不會被黑洞吸進去永遠出不來，從此成為黑洞逃脫的幸運兒。

理論上看來似乎行得通，卻很難完全同意這種可能。有一派人士主張無法用時間旅行回到過去，他們提出了各種反駁的證據。其中最有力的一項，就是我們至今從未見過未來的旅客。如果在非常遙遠的將來，有位天才科學家發明了時光機，他一定會搭乘它回到過去，而我們應該可以在人類史上找到他留下的痕跡。當然，他可能藏得很隱密，躲起來偷窺，或把所有遇到的人都消除記憶。不過，以常識來說，這個假設實在太費解。而且我想，科學家也不可能單槍匹馬前來。就飛機的例子來看，自從萊特兄弟（Wright brothers）首度飛上天空，每年都有超過一億名的旅客搭飛機。像時光機器這麼令人嘆為觀止的東西，若沒有包裝成旅遊產品，任誰也不信。而且假設真的有時光機，來自未來的旅客中，難免有比較粗心大意的人會留下什麼線索吧？

但這個假設是在只有一個宇宙、也就是「單一宇宙」的條件下才能成立。可是單一宇宙卻有可能陷入「時間悖論」——這個令人生畏的困境中。舉例來說，你突然餓到頭昏眼花，煮了一碗泡麵來吃。吃完後，覺得泡麵實在太美味了，想再吃一碗，又懶得出門買。於是搭上時光機，回到「泡麵剛煮好端上桌，自己離開餐桌跑去洗手」的時間點，打算偷偷地吃掉那碗剛煮好的泡麵，再回到現在。然而當你回到過去，吃掉泡麵的前一刻，那碗泡麵就已消失不見。你看似吃了兩次泡麵，實際上只能吃一次。若是立刻去做胃鏡檢查，胃裡的泡麵該是一人份、還是兩人份？在單一宇宙的情況下，無法做出明確的答覆。因為改變過去的瞬間，就會影響你所在的當下。

科學家用「多重宇宙」的理論解決了這個問題。實際上，宇宙並不是只有一個。即使回到過去，你到達的宇宙與你出發的宇宙長得極相似，事實上卻是另一個宇宙。換個角度來看，你並不是回到可以改變你所在之處的過去，而是發生了「未來的你回到過去」的現象。這表示，你到達的地方是另一個未來。無論做了什麼改變，對你出發的現在不會造成任何影響。當下消失的只有你這個人本身，時間仍繼續流逝。就算你回到過去並遇到父母或朋友，他們也不是你在原本宇宙中認識的人。這個世界上有無限個宇宙，無限的你在無限的世界裡，和無限的人們建立了無限的關係。

這裡指的時間旅行，意味著你將走向另一個宇宙時空，而非回到你存在的過去。如此一來，可以站在時間旅行者的角度去思考這件事，時間悖論的問題解決了，你吃的泡麵自然是兩人份。你在原來世界吃的泡麵，會隨著你一起消失；而你抵達的新世界，吃下肚的泡麵也會繼續留在肚子裡。也就是說，兩個宇宙都把泡麵送給你了。

不過也有不同看法，有人認為，不能光憑至今沒有來自未來的訪客這一點，就否決掉時間旅行的可能性。美國物理學家羅恩・梅里特（Ronald Mallett，他奉獻一生來研究時間旅行）提出假設，把時光機當作一種檢查哨，從最初時光機開始運轉的那一刻起，即把它當作回到過去的起點。這代表，時光機開始運作之前的過去，是沒有時光機的時代；唯有時光機啟動後，才是迎來了自由穿梭於時空中的新時代。這麼看來，目前為止都看不到未來的旅客，也有道理。因為從未來的角度看，現在我們這個時代，正是他們無法回來的時代。

有趣的是，利用黑洞回到過去的時間旅行，也有相似概念。你能回到的過去，是從黑洞誕生的那一刻起開始算的時間。在黑洞誕生並讓時空扭曲之前的時間，是你無法返回的過去。假設現在的時間是下午一點，你透過早上七點才形成的黑洞回到過去，如此一來，雖然你可以回到早上九點，卻無法前往更早的凌晨五點。因為從黑洞的角度來看，早上七點以前的四維空間——這個概念本身就不存在。

結束腦海中漫長的宇宙之旅，回到你唯一的世界吧！值得慶幸的是，你不必擔心為過去或未來的問題，和戀人爭吵。總有一天你會遇到心愛的人，與他分享愛，結下愛情的果實，生下漂亮的子女。如此一來，你就可以告訴育兒而疲憊不堪的伴侶，這一段話：

「來不及與你相遇的過去，我迫切想要知道你的過去，謝謝你讓我看到這一切。」

透過一個長得與你極為相似的孩子，可以看到你的過去。在養育孩子的過程中，可以回想起早被遺忘的昔日時光，或許這才是真正的時間旅行。最後，祝福大家都能攜家帶眷，一同走向幸福的未來。

有人會認為死亡是好事嗎？

未來的科學將重新定義真正的死亡！

〈問題〉漫畫史上殺害最多人的反派角色是誰？

1. 《死亡筆記本》的夜神月
2. 《精靈寶可夢》的火箭隊成員——武藏和小次郎
3. 《名偵探柯南》的江戶川柯南
4. 《金田一少年之事件簿》的金田一

只要假裝乖巧順從，假裝不知道「奇樂」的真實身分，我想夜神月應該不會把你的名字寫進死亡筆記本（奇樂的真實身分就是夜神月）。武藏和小次郎也已經被重新評價為善良市民，因此沒有理由害怕他們。正確答案是——名偵探柯南！什麼？雖然金田一已步入中年，全力扮演好自己的角色，仍不敵身體變成小學生、腦袋卻依然靈活的連環殺人偵探——江戶川柯南。在七百三十天之內，金田一周圍只有一百人遭到殺害；但是在柯南的身邊，短短六個月內就有八百六十人被奪走了性命。如果你到外地遊玩，發現身邊有一個長得和柯南差不多的孩子，奉勸你快點逃離那個地方吧！當然，唯一的出口可能已被切斷了，不過請你千萬別回頭，絞盡腦汁也要想辦法離開。雖然柯南擅長推理，但他絕對不會阻止殺人事件發生。而且他就像精神病患者，不管誰死了，他都沒有太大的感覺。

死亡是個沉重的主題，所以才用笑話當作開場白。關於死亡，你曾認真思考過這個問題嗎？雖然所有生命體都是一種奔向死亡的存在，但誰也不會真正把它放在心上，這就是所謂的死亡。在生命搖搖欲墜之前，就像顆乳牙，不管你再怎麼用心維護，它也不會變成陪伴你一生的恆齒，最終仍會凋零。每個人都知道自己會死，卻還是以為會永生似地努力掙扎著，這就是人類的宿命。當然，連我也不例外。

死亡教會了我們很多事情，頗受觀眾歡迎的韓劇《死因》（*Sign*，二〇一一年播出的法醫搜查連續劇，真實呈現犯罪調查過程和法醫的調查細節，根據屍體留下的蛛絲馬跡來破解各種疑案）中，有這樣的台詞：

「活著的人會說謊，只有死者才會說出真相。」

非常精彩的一句台詞。實際上，法醫透過死者身上隱藏的真相，找出科學的因果關係。我們在電影或連續劇中看到國科搜（韓國的國立科學搜查研究院），這就是他們的工作。

不過，從死者身上獲取真相的過程並不容易。在活生生的病患身上，即使發生了微小的醫療失誤，仍可能自然恢復；但在屍體上，若不小心讓證據消失，就再也無法挽回了。就算是非常細微的差異，也可能讓無辜的人變成罪犯。再加上，光是看著屍體就會給人巨大的壓力，而且還伴隨特有的氣味。萬一是傳染病患的屍體，就有被感染的風險。總之，法醫的工作絕非易事。

其中一個常與法醫混淆的職業，就是罪犯側寫師。用時空交錯的敘事手法來呈現的韓劇《信號》（*Signal*，二〇一六年播出的犯罪搜查連續劇），描述一位擅長心理分析的罪犯側寫師朴海英，無意間拾獲一支舊型對講機，聯繫上十五年前一位行事獨特的重案組刑警李材韓，兩人攜手調查被警方長年忽略的懸案。他們蒐集犯罪現場留下的證據，以獨創的方式展開推論。為達到共同目的，在各自的專業領域竭盡全力。罪犯側寫師透過研究犯罪、犯罪者以及犯罪者的行為，嚴密地分析犯罪類型，藉此縮小犯罪者的範圍。過程中，法醫負責還原死亡的資訊[6]，提供合理依據來反駁嫌疑人的陳述。這是一種查明死亡真相的崇高思考力。

讓我們離開事發現場，回到實驗室。在科學的定義中，何謂死亡？百科全書上寫：「生物的所有生物學功能永久終止，不再回到原有的狀態」。不管情況惡化到什麼地步，只要能夠回到原來的狀態，就不能算是死亡嗎？這麼說來也有可能，隨著科學日新月異，生物死亡的定義也一直改變。

距今五十年前，只要大腦出現問題，心臟就會停止跳動。所有心臟停止跳動的人都無一倖免，誰也無法再回到原來的狀態，因此當時可以簡單地做出死亡判定。但自從開發出人工呼吸裝置，腦死的狀態就能無限維持下去，所以有可能死而復生。科學技術延遲了確定死亡的時間。屍體沒有溫度或反應，照理說不可能會懷孕。但腦死的患者還保有體溫，不管是動作或懷孕，都有可能發生。因此對於腦死的定義，至今還有很大的爭議。

一九八三年，比利時一名男子因交通意外被判定為腦死[7]。他的母親每天都試著跟他談話，他卻毫無反應。時隔二十三年，科學家終於發現其實他有意識，現在他已經可以透過鍵盤和觸控螢幕與外界溝通。隨著科學技術提升，現今時代中，診斷本身也有可能改變。以前我們無法詳細得知身體何處受損，也無法了解損傷程度，如今都可以明確掌握。是否唯有把死亡的標準定義得比以前更複雜，我們才能全面衡量，該對生命感到絕望或抱有希望呢？

不過植物人和腦死患者的狀況，又有些不同。植物人雖然沒有意識，但沒有人工呼吸裝置，他也可以自行呼吸。可是腦死的狀態下，大腦無法維持生命所需。植物人的情況是大腦部分受損，所以可以自行生存下去。雖然機率極低，仍有可能意識甦醒，因此狀況比腦死的人略好一些。若在不久的將來，醫療技術突飛猛進，奇蹟般地發展出治療腦損傷的方法，人類也許不會因此死亡。如此一來，死亡的定義就得重新改寫。內容可能必須嚴謹到：「構成身體的所有細胞皆停止作用，才算是真正的死亡」。

就像一九九三年的科幻電影《侏羅紀公園》，一隻吸滿恐龍血液的蚊子被凍結在琥珀裡，從蚊子血液提煉出恐龍基因，而成功「復活」炸雞大哥（炸雞與暴龍屬於同物種）。

如果在遙遠的將來，某個難能可貴的後代子孫，利用遺傳因子再次救活我們，我們仍有機會回到原來的狀態。按照這個情況，或許生命的終結也不見得是真正的死亡。當然對於長期保存遺傳基因來說，琥珀這種礦物並不像樂扣樂扣保鮮盒，算是一種好容器，所以必須思考更好的保存方法。

死亡究竟是好事？還是壞事？至今為止還沒聽過有人喜歡死亡。如果問別人這個問題，我想大多數應該會回答：「死亡是不好的事」。理由為何？

之所以會在死亡面前流淚，大都是因為死亡關係到我們所愛的人。死亡讓我們失去父母、戀人或朋友，本來希望永遠不要發生的事，總是事與願違。我們也只能潸然淚下，抒發內心傷痛。悲傷的原因，究竟是因為所愛之人的全身細胞都停止運作，還是因為再也見不到深愛的他們？雖然這兩件事聽起來差不多，不過前者是關於所愛之人本身，後者則是關於自己的事。

讓我們舉個例子吧！假設你心愛的人搭乘單程的「火星探測銀河鐵道九九九號」列車，今後你再也見不到這個可愛的戀人。打電話到火星大概需要十五分鐘。雖然還是能聯繫對方，但因為環境的限制，無法像打國際漫遊能隨時與他聯絡。總之，就是被迫分離（雖然偶爾還是會流淚，不過比起理智的你，我更喜歡多愁善感的你）。再舉個例子，你的戀人剛搭乘單程火星探測船離開，過沒多久，新聞傳來了火星探測船發射後爆炸的消息。什麼？雖然難以置信，不過千真萬確。深愛之人乘坐的火箭在空中解體了，這次事故讓你的戀人就此消失於人世。同樣是生離死別的感受，前者你知道對方還活著，後者卻確定對方已死去；兩者之中，哪一種狀況更令你感到悲傷？

當然兩者都很讓人傷心。對你而言，兩種情況都與失去戀人無異，從今而後再也不能見面，悲傷自然不可言喻。因此很多人會透過宗教，彼此約定重逢的一天；或藉由投胎轉世，以無限輪迴的方式延續生命。再者是透過深度的哲學考察，冀望自己掙脫一切、得到自由。若上述方式皆非，大概就讓自己醉生夢死，變成酒鬼吧！如果一直喝下去，或許某天會領悟到生命的真諦，當然這並不是正常的做法。

有趣的是，科學家也正在各自的領域上，尋找能克服死亡的科學方法。物理學家從另一種角度思考時空，在無限延伸的粒子中，試著研究出一個時間在那裡會變得毫無意義的世界。化學家從很久以前就一直努力，想製造出一種永遠不變的物質。生物學家不斷尋找細胞老化的原因，以及阻止細胞老化的方法，最近則是研究近年來，成為永生代名詞的裸鼴鼠（挖掘類齧齒目動物，以頑強的生命力聞名，沒有痛覺，且擁有獨特的抗癌機制）[8]。天文學家研究無窮無盡的多重宇宙，還因此鬆一口氣，認為這一切終究是眾多情況的其中之一。要發生的話，也是在其他多重宇宙中，不可能發生在地球上。而最津津樂道的是電腦工程師，他們聲稱早就找到了永生的方法。

「你認為人類在什麼狀況下算是死亡？得了不治之症時？還是當子彈穿透心臟時？都不是，是當你被人們遺忘的時候。」

我突然想起《海賊王》中的經典台詞，希魯魯克流著淚大喊：「喬巴！」的場面[14]。真是一句精彩的名言！現今被人們遺忘已不算死亡，當你的數據被刪除，才算是真正的死亡。電腦工程師說，在不久的將來，人類大腦中的所有資訊都可數位化，上傳到電腦裡。這是

⑭編註：喬巴是《海賊王》裡的角色，他的恩人和養父「庸醫」希魯魯克得了絕症。喬巴跋山涉水，找到了他認為可以治百病的「阿密烏菇」，但其實是有劇毒的蘑菇。希魯魯克不忍讓喬巴失望，還是笑著喝下用阿密烏菇熬煮的湯藥，縮短了自己的壽命。之後他在死前說出了上面那段經典台詞。

兒子啊，
多吃一點！
炸雞
口味
醃
蘿蔔
醬料
口味
我會好好享用的
已享用炸雞。
咔嗒

電影《全面進化》以及亞瑟・克拉克（Arthur Charles Clarke）的小說《城市與星星》中多次提及的內容。人類如果可以在網路上自由飛翔，或許能嘗試很多生前未有的體驗。

不過就現實面來看，這也無法當作克服死亡。生物學上的我仍已死亡，只剩下與我本人思考和行為相似的程式，或許應該用這種角度來看待。當然，說不定我的家人或好友，可以用這個替代品來治癒心靈創傷，而且我想他們八成會這麼做。所以若是技術上可行，我們也不該一味否認它的用處。父母過世後，不只在墓園或骨灰室瞻仰他們褪色的照片，而是可以透過上傳到電腦的程式，聽到他們生前的聲音、分享他們的人生經驗和建議。如果可以這麼做，還有比這更幸福的事嗎？

再繼續談論死亡，只會愈來愈遠離科學的範疇。這並不是哲學書，而是科學書。科學的職責在於不斷提出好問題。既然我不是法國作家柏納・韋伯（Bernard Werber）筆下《豬儸紀》（*Le pere de nos peres*，以死亡為題材的小說，描述透過瀕臨死亡的體驗，去陰間探險）的探險家，這裡就不再解答死亡。而且要找到合適的問題也很難，所以這個話題暫且打住。

至少可以確定一點，無論科學發展到什麼地步，永生的方法終究只有一個。不管任何方法，都不可能讓每個人永生，所以我們必須擴大焦點，而那個方法就是——遺傳基因。

在世代流傳的基因中，保留著我們生存過的痕跡；透過世代的傳承，人類的生命可以永遠延續下去。雖然人人都會死亡，但人類這個物種依然存在，這樣就足夠了。

1. "Jeanne Calment, World's Elder, Dies at 122"，《The New York Times》，Craig R. Whitney, 1997.
2. 「Alcohol Consumption and Mortality From Coronary Heart Disease: An Updated Meta-Analysis of Cohort Studies」，Jinhui Zhao, 2017.
3. 「Income, Poverty, and Health Inequality」，Dave Chokshi, 2018.
4. "Fasting fakir flummoxes physicians"，〈BBC News〉，Rajeev Khanna, 2003.
5. 「The Maximum Mass of Ideal White Dwarfs」，Chandrasekhar, 1931.
6. 「The complete history of Jack the Ripper」，Philip Sugden, 1994.
7. 「Diagnostic accuracy of the vegetative and minimally conscious state」，Caroline et al., 2009.
8. 「Naked mole-rat mortality rates defy Gompertzian laws by not increasing with age」，Graham et al., 2018.

第二部

跟你日常生活有關的科普小知識

讓你成功脫魯！「約會公式」與「最佳停止理論」

用科學可以算出遇見理想情人的機率？

看到眼前的異性，內心小鹿亂撞，我想誰都有這樣的經驗吧？不過人是一種相當精明的動物，在原始本能產生的悸動鎮靜下來後，就會開始考慮將來的事。「這個人真的很好嗎？」「如果我告白，他會接受嗎？」「他會喜歡我嗎？」「他會不會跟我結婚？」「他是適合結婚的對象嗎？」「以後會不會出現更好的人？」當各種各樣的問題無意識地蹦出、當你正煩惱這些無解的問題，通常此時這位條件相當優秀的異性，會像看到綠燈亮起時毫不猶豫地衝出、以迅雷不及掩耳的速度與別人墜入愛河。

我想不管是誰，應該都有為愛吃盡苦頭的經驗。如果真的想不起來，你可能是連為愛所苦都沒有機會的可憐人，或是極度正向思考的超級樂天派。在電影《星際效應》中，認為只有重力和愛情是能超越時空的力量。一提到重力，不得不提到廣義相對論，但戀愛的困難卻不亞於它。面對如此難的問題，最好的解決方法就是科學！

科學是愛多管閒事的朋友，話雖這麼說，不代表它無所不知、無所不能。只是它會丟出各種相關的好問題，用最高機率找出最接近核心的答案。現在，讓我們把值得探討的優秀問題列出來：

1. 我的理想對象在哪裡？
2. 我的戀愛對象究竟有多好？
3. 何時才能遇到人生中最完美的那個人？

讓我們從第一個問題開始慢慢解決。你可以用科學方法，找出理想對象在哪裡嗎？每個人的喜好都不一樣，這項挑戰並不簡單。不過別擔心，科學家面臨的挑戰，往往是艱難的狀況。看著漫無目的飄浮的雲彩，可以預測天氣好壞；也可從一些看似無關的因果關係中，分析股票趨勢或支持率變化。只要努力一點，似乎就能找到理想對象。請不要誤會，

約會公式

我居住地的人口數→其中異性的比例→

在路上相遇的機率→年紀相仿的機率→

教育環境相似的機率→

感受到對方魅力的機率→

屆時還活著的機率。

我並不是在幫你安排相親。找到另一半只是機率問題。

寂寞的母胎單身的英國經濟學者彼得・巴克斯（Peter Backus）沒有女朋友，朋友都知道原因出在哪，他自己卻不明白。所以決定計算在他的居住地英國，究竟有多少適合他的理想對象。經過一番思考，終於想出一個假說：「找到真命天女和在銀河系發現外星人的機率相差無幾」。於是，他使用一九六〇年代由法蘭克・德雷克（Frank Donald Drake）博士提出的：「德雷克公式」（Drake equation）。這是什麼？簡單說，就是一種可以「預測出宇宙中能與我們通信的外星人數量」的公式。透過這個公式，彼得計算出英國有可能與自己發展出戀情的女性人數，所以也被稱為「約會公式」。

真有這麼一回事？上述內容甚至出現在某篇論

文中[1]。為了取信於人，現在我們來計算一下。有一名住在首爾的適婚男性，假設首爾的人口為一千萬，其中百分之五十是女性。隨著男子上下班的方式和路線不同，在路上與異性相遇的機率也有所改變。若先暫定機率為百分之一，對象立刻減少至五萬人。由於必須遇到同為適婚期的女性，若把對象的年齡設定在一到一百歲，有百分之十五的人符合條件。另外，相似的教育環境機率設定為百分之一，感受到對方魅力的機率為百分之五，相遇前還活著的機率為百分之十。上述條件加以計算，結果只有零個人可以與這位男子展開戀情。令人惋惜的是，這數值竟然連一個人都不到。

現在總算明白了，我的理想對象原來連構成一個完整的人都有困難，理想對象終究只是場遙不可及的夢。當然，世界上一定有人克服重重難關，最終遇到完美的對象。就像目前為止還沒有發現外星人，若你已經領悟到理想對象可遇不可求，我們就繼續討論下一個問題吧！

關於第二個問題「自己的戀愛對象究竟有多好？」我本來以為會得到相當客觀的答案，其實並不然。簡單說，這個題目是要了解交往對象的綜合評價分數，以最客觀的個人資料（包括年齡、外貌、身高、財產、收入、職業、學歷、家庭環境、人脈和宗教等）為基礎，進行等級評價的婚仲公司，對此也有很多曲解部分，無法隨意對外公開。為解決這些疑惑，很多人會將自己的煩惱匿名張貼在網路留言版，像是：「你們覺得我的男朋友如何？」「我可以跟這個女人結婚嗎？」等。從網友答覆的情況來看，似乎有意透過集體的智慧，來降低主觀的意見，以獲得更客觀的答案。

這並非針對第二個問題來進行科學評分，嚴格說來，這是為了解決第三個問題，而必須執行的過程。想知道人生中最完美的人何時會出現？你就要對最完美的人下最明確的定義。最完美的人指的是在綜合評價獲得最高分的人。如前所言，這個分數不夠客觀，只能從個人觀點出發，就對方身上的各項特質給予適當分數。

俗話說：「壞的不去，好的不來」。雖然這句話可解釋為好幾種涵義，但這裡用來表示：與綜合評價零分的人分手後，就會遇到一百分的完美人選。這句話口耳相傳至今，現在，我想從更科學的角度來解讀。

根據個人心態和機會，達成的目標不同，事情也有所改變，但大致可從經驗推論而出：「一個人的一生中，大概會交往幾位異性（或同性）？」舉例來說，假設你是談戀愛比較長久的人，一旦與某人交往，至少維持二年以上。若把二十歲到三十歲視為戀愛最佳時期，這輩子大概可以談十場戀愛（若換對象的速度比較快，就能談更多場戀愛）。好的，目前在十場戀愛中，綜合評價分數最高的人，就是你該考慮安定下來的對象。

何時該是最後一場戀愛呢？我們先假設一下。哪怕只是開玩笑，一旦宣布分手，你們就再也回不去了。當你和第一個人分手，遇到了第二個對象，此時你才突然發覺前一個戀人多美好，可惜時間永遠無法倒流。當然，也有人開始懺悔過去的傲慢，復合後反而順利交往的人，暫且排除這種情況。在你選擇和第五個人定下來的瞬間，就沒有機會見到第六號到第十號對象，做夢也別想。你和這些對象之間的可能性全部灰飛煙滅。這是理所當然，既然沒有機會相見，你永遠無法得知這些人的分數。

假設到此為止，現在只要可以確認，何時停止戀愛才最有效率，就足夠了。此時可以派上用場的理論正是：「最佳停止理論[2]」。這個理論常用於統計學與決策理論，而且也廣泛用於招聘秘書或新入職員等各式各樣的場合。最佳停止理論告訴我們，必須在什麼時候停下來，才能停留在最佳狀態。只要優雅地使用數學，找出這輩子最完美的另一半、並與他結婚的最佳機率即可。

每個人要交往的對象，或總共交往的人數都不一樣。如果無限增加以後要交往的對象數量，簡簡單單就能得到最佳數值，這個數值是1／e（e＝二點七一八二八……就此省略）。依據這個公式計算，意味著今後要交往的人數中，超過百分之三十六點八之後，才能停在最適當的地方。其實不需想得太複雜，舉例來說：假設某個人這輩子跟十個人談過戀愛，雖然令人惋惜，但其中至少有三個人，絕對不會讓人萌生結婚的念頭。我們以第三者的角度冷靜觀察，試著比較他們各自得到的綜合評價分數，然後記住最高分的人是幾分。之後，只要出現分數比他高的人，即便只有一分之差，就是穩定下來的時候了。如此一來，你有相當高的機率，可以選出全體十名中，綜合評價分數最高的人。

當然，這個理論存在兩個盲點：第一，得分最高的人集中在前三次戀愛時，這種情況下，在十次戀愛全部結束之前，誰也無法做出選擇。因為不管怎麼等待，都不會出現比前三次得分更高的對象。最後，你也許只能一面回憶前三場戀愛、一面度過寂寞的晚年。第二個盲點則完全相反，如果分數最差的對象全聚集在戀愛初期，根據最佳停止理論，由於分數差距不大，最後你只能勉為其難，選擇分數略高的第四位對象。每人要求不同，或許你能得到幸福，但考量到之後會出現分數更高的理想對象，也不能保證你得到的就是最佳結果。

至今為止所談的一切，前提必須建立在，戀愛或結婚的主導權是掌握在你手上，這些事情才有可能發生。至於對方是否中意你、是否張開雙臂歡迎你的求婚等，都是未知數。或許你只能學到一個教訓，那就是：向科學家學習如何談戀愛，是一件非常危險的事。

補充說明：再怎麼說，理想對象也只是理想對象。無論你覺得西裝有多帥氣，你也無法穿西裝躺在床上睡覺。若要比喻，結婚並不是派對禮服或舞台服裝，而是一種選擇適合自己日常服裝的過程。所以比起西裝或禮服般的對象，奉勸各位還是選擇像睡衣一樣的對象定下來吧！我的意思是，請你不要過度執著於綜合評價分數這回事。

你以為你選擇的真的就是你選擇的嗎？

其實你從來沒有真正按自己的意志選擇過

有時會搞不清楚，自己究竟是去看電影，還是去吃爆米花？爆米花就是有這種魅力，鬆軟可口、鹹中帶甜。放鬆心情，一口接一口吃著白色鬆軟的爆米花時，就像被吸到另一個世界，消失得無影無蹤。不知不覺，你手上的爆米花早已見底。腰帶似乎愈來愈緊，一開胃就一發不可收拾。看完電影走出來，我經常會反省自己怎麼又失控了？抬頭一看，遠處的垃圾桶裡，還有很多吃不到一半的爆米花桶，幾乎都是大份的。

你可能以為在電影院購買大份的爆米花，純粹是自己的決定？你認為自己手中握有選擇權，在有意識的情況下買了自己想吃的爆米花？但實情並非如此，你說我在道聽塗說？從現在開始，請仔細聽好了，因為這對你的人生而言，是非常重要的事。

首先，讓我們看看一般大份爆米花的售價，一份要價五千韓元（約台幣一百二十三元）。不過成本只有六百韓元（約台幣十五元），所以一份就可以獲得八倍以上的暴利。若你知道成本，可能會開始精打細算，想想五千韓元拿來吃什麼零食會比較划算。不過關於成本的事，老闆可不會親切地告訴你。如果你現在稍微瞄向左側，可以看到中份爆米花是四千五百韓元（約台幣一百一十元）。我的天！這也太誇張了吧！這麼不起眼的中份爆米花，看起來吃沒幾口的份量，竟然要四千五百韓元！只要再加上銅板價五百韓元（約台幣十二元）（這也太划算了吧！）就可以換成大份爆米花了！突然間，讓你產生「這下賺到了！」的錯覺。反正總是要吃東西，與其吃得不盡興，不如一次吃個夠！

飲料也是。最大杯的碳酸飲料是二千五百韓元（約台幣六十元），一樣是中杯的碳酸飲料，再加五百韓元（約台幣十二元）就可以升級為大杯。到底是用什麼基準來決定價格和份量？可以肯定的是，價格不會按照份量多寡來增減，這點已經顛覆了常識。

你以為買大份的爆米花或飲料，是在自由意志下做出的選擇？實際上並非如此。如果沒有看到旁邊價格相差無幾的中份爆米花或飲料，你是否還能心情愉快地享用大份爆米花呢？若不是櫃檯上那張，看起來美味可口的巨型爆米花照片旁，還貼了一張粗糙乾癟的中份爆米花海報，你是否會乖乖打開荷包，買下大份爆米花？你同意我的說法嗎？嗯，你當然可能不同意，OK。

你的出生是出於自由意志嗎？就學或求職又如何？結婚呢？生育呢？搬家呢？把人生面臨的選擇列出來，你可以發現，其實自己幾乎沒有直接選擇的機會。大部分都是狀況和環境誘導你做出選擇，卻包裝成好像你必須對這個選擇負責。

讓我們看看到超市或便利商店，選擇商品的情況。原本你想買清涼的運動飲料，卻看到貼著「買一送一」標籤的香蕉牛奶。在你神聖的選擇權下，「買一送一」這個惡毒的魔鬼始終在背後緊追不捨，干擾你選擇的意志力。其實我也多次慘遭陷害，喔～不！魔鬼真是沒完沒了，這可怕的事情至今仍不斷發生在我們周遭。你想要的東西是什麼？你真正喜歡的又是什麼？今天中午菜色，真是你原本想吃的嗎？希望你下次選擇前，能認真想想這個問題。

如果你的食欲非常旺盛，選擇菜色這種小事對你而言，就像想再次投身籃球界的三井壽（教練，我想吃五花肉！）[①]可以用堅強的意志力，屈膝跪地到最後一刻。好好思考一下，你之所以想吃五花肉，說不定是受了媒體影響。因為曾在電視上看到令人食指大動、鮮嫩有勁的蜂窩五花肉，因此下意識地將這個畫面刻到腦海裡，進一步影響了你的選擇。

戀愛又是如何呢？陷入愛情，真的是你自己做出的選擇嗎？用內在美來比喻極為困難，雖然有些遺憾，我們還是先從外貌談起。假設你喜歡大眼睛的對象，大眼睛這個概念，很難單純定義在直徑幾公分以上，因為這個特徵是相對的。這句話是什麼意思？若你因為對方眼睛大而一見鍾情，這其實是跟別人相較之下，對方在所屬群體中，是屬於眼睛比較大的一方。換個說法，你喜歡上的那個人，在同行朋友中他的眼睛最大，所以你自然而然會迷上這個人[3]。

你說這又如何嗎？在你眼裡最漂亮就行了！這麼說也沒錯啦！其實不只你，遇到類似狀況，我想任何人都會在不知不覺中，被誘導出相同的選擇。那麼身高呢？要是理想對象的身高不符合你原先的標準？這也有可能。看似絕對的標準值，也會受到個人經驗影響，而改變相對性的數值。無論男性或女性，選擇戀人時都有自己欣賞的身體部位，與周遭的人相比，這個部位相對出色的對象，就是吸引你目光的那個人。答案不是絕對的，而是相對的；不是你的選擇，而是環境替你決定。我知道你很難接受這個說法，所以特別準備了

① 編註：三井壽是日本漫畫及動畫《灌籃高手》中的主要角色，具有強烈的求勝欲。高中時因傷放棄了籃球，最後在安西教練和朋友的幫助下重返球隊。「教練，我想打籃球！」是三井壽希望回到籃球隊時，向安西教練說的一句話，也是《灌籃高手》中經典台詞之一。

具體的例子。

假設現在有三張人物照片。很抱歉，這樣看來像用外貌判斷一個人，不過我只用文字敘述來簡單比喻，在此先請各位讀者見諒。這是一個非常簡單的測試，你只要從下列三張照片中，選出你覺得最有魅力的人：

- □ **第一張照片：經常請吃飯的漂亮姐姐——孫藝珍的臉**
- □ **第二張照片：與孫藝珍相似的臉，但鼻子特別大**
- □ **第三張照片：我的野蠻女友——全智賢的臉**

你覺得哪一張照片最有魅力？也許大部分的人會認為第一張。當然，每個人對演員的喜好各有不同，應該也有人選第三張，不過我想，絕對沒有人選第二張吧？第二張是為了實驗而故意增加的扭曲照片。如果放大的部位不是鼻子，而是其他身體部位，也許就有人選第二張了。請大家停止多餘的妄想吧！

其實第一張和第三張很難分出高下，都是完美的夢中情人。如果沒有第二張，大概有半數的人選第一張，其餘的人會選第三張。但在看到第二張的瞬間，我們的大腦會開始無意識地比較這兩張相似的照片。比起沒有任何比較對象的第三張，第一張有第二張做對比，因此看起來特別美麗，更能感受到影中人的魅力[4]。

我相信現在大家已經知道該如何交朋友了。如果只想靠外貌來吸引人，你就要多找和自己外表相似、但條件略差的朋友。不過這樣下去，大概不容易交到朋友吧？將來這本書開始暢銷後，若有很多人來找你當朋友，希望你也不要太受傷。

以下是臭名遠播、禽獸不如、被稱為「萬聖節強姦犯」的彼得．布朗恩斯坦（Peter Braunstein，曾是ＩＱ一八五的高智商新聞工作者兼作家）所犯下的案件：

萬聖夜，一顆顆挖空的南瓜露出了微笑

某個萬聖節晚上，美國紐約有一名穿消防員服裝的男子悄悄走進公寓。他點燃事先準備好的煙幕彈，敲打某位女性住戶的房門，告知有火災發生並請她開門。女子開門後，男子用麻醉劑讓女子昏迷不醒，隨後對其施予長達十三小時的性侵害。

任誰看來，這都是精心策劃的犯罪行為。強姦犯被捕後，大家都認為他罪證確鑿，會鋃鐺入獄，沒想到當時為這傢伙辯護的律師，卻以被告患有精神分裂症為由，主張他根本就沒有犯案的意圖。說這什麼鬼話？簡直在放屁！

律師提供的證據，是被告的腦部斷層影像，顯示腦額葉部分受損。他聲明此處若受到損傷，便很難做出道德判斷或執行計畫的行為，因此主張被告不可能做出計畫性犯罪。你問我這是什麼意思？簡單地說，就是他拍了張大腦的照片，然後跟大家說：「你們看，我腦子裡不是貼了一張便利貼嗎？」上面寫：

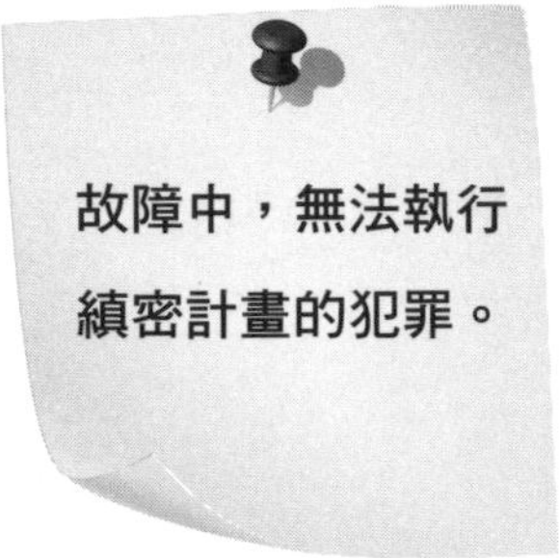

由於被告的大腦無法正常下達命令，所以這傷天害理的犯罪事實，並不是強姦犯的自

由意志所導致。律師的結論是，被告不需要對這悲慘的事件負任何責任。值得慶幸的是，陪審員積極支持檢方的立場，最終仍宣判被告有罪。因為被告不僅事先訂購犯罪所需工具和藥品，而且長時間暴露出變態行為。因此他們判斷，光憑腦部斷層影像，無法證明被告沒有犯罪意志。真是大快人心的判決結果！

即使醫學上可以證明個人的自由意志不足，但也必須認同當事人該接受應有的處罰。即便本人沒有自己做出選擇，但若對某人造成損害，他就必須承擔責任。他在數十個選項中，選了最惡劣的那一個，且未阻止該結果發生。就算出於非自由意志，也不意味著所有犯罪者的罪行都會消失。

最近甚至進步到，只要分析拍攝出的腦部影像，就能區分出故意犯罪者與非故意犯罪者。只要利用功能性磁振造影技術（functional magnetic resonance imaging, fMRI），即可分辨究竟是無辜路人的手背不小心擦過他人臀部，還是痴漢故意揉搓他人屁股[5]。因為痴漢有意圖觸摸臀部，所以比起沒有意圖的人，他的腦部活動更加活躍。只要拍下他的大腦影像，就能立刻指證罪行。現在，用高科技確認是否為計畫性犯罪的時代已經來臨了。酒後亂性或衝動失手等原因，再也無法成為犯罪的藉口。

如今，你可以理直氣壯地說，自己從來沒有真正做過選擇。不過人生就是一種選擇的延續，作為選擇的主體，你還是必須負責。做選擇時，環境、目的、狀況等各種複雜因素交織在一起，就像一張擦過鼻涕的衛生紙、糾葛不清。其實，光是讓你毫不猶豫選擇高價商品的誘餌效應，或無意識受到環境影響等，都不足以討論自由意志是否存在。研究自由意志的科學家甚至認為，在做出任何決定之前，若可以事先完美預測，那自由意志早已不存在。這種預測究竟是決定論的根據、或只能提早觀測？至今仍沒有明確的答案。代表說，自由意志是否存在，仍無法輕易斷定。

我之所以敢提出「自由意志」這句話，因為這不是我的自由意志，而是藉此感受到樂趣的你，所做的選擇。或許有人說：「竟然說我沒有自由意志！我不相信！」甚至因為我說過這篇文章對你的人生有幫助，所以你才會一路看到這吧！也許這並不是你迫切想知道的事，但不管你的意志為何，我還是達到目的了，就是讓你做出我希望的行動。如今明白了吧？你想像的那種自由意志根本不存在。希望你不要因為上當而傷心，你已經漂亮地證明這件事了，我為你鼓掌！

本人想減肥，大腦跟身體不給減？

原來瘦不下來，根本不是我的罪！

真的好想減肥啊！減肥並非易事，我想你也明白。張開手掌，放在大腹便便的肚子上，輕鬆就能抓起一圈肥肉。唉！忍不住嘆了口氣，真想把這些肉捲成一圈、俐落地撕下來，想必一定很痛快吧！可惜不能真的這麼做。別老是用些不科學的方法或旁門左道，夢想著快速瘦身，讓我們用更科學的方法試試吧！肥肉這該死的傢伙，到底為什麼纏著我不放？

減肥完全是個人的事。關於你的減肥大業，不管是上班遇到的清潔大媽，還是便利商店的工讀生，誰也不會覺得這是必要的事。最終，那是一場專屬於你和脂肪與膽固醇之間的戰爭。有趣的是，無論你多想減肥，總是無法如願，因為這取決於你個人的本事（雖然可以隨心所欲地長胖，卻不能隨心所欲地減肥）。

這不是在指責你的意志薄弱，或短期目標設定不當。減肥之所以困難，在於你身上多餘的肥肉就像軍隊裡的教官，總是堅守崗位，絕不輕易擅離職守。對你而言，減肥就像你迫切想前往的烏托邦。但站在你身體的立場來說，唯有生存下去，才是最終目的。因此你和身體的想法，完全背道而馳。

減肥的方法很簡單。比起吃進去的熱量，你只要持續消耗更多熱量，把小腹、雙下巴、蝴蝶袖等多餘的贅肉減掉即可。真的很簡單吧！光是讀了這篇文章，你感覺已經瘦一公斤了！也許正因如此，減肥書籍才會一直銷售長紅。不過減肥知易行難，用簡單的數學原理，就可以告訴你究竟有多難。假設你剛才吃了一小碗泡麵當作宵夜，若想要完全消耗掉這碗泡麵的熱量，請從下列三點選出最適當的方法：

1. 繞運動場三十圈，慢走二小時。
2. 一個小時內，從住家大樓的一樓爬到三十樓。
3. 在拳擊台上與拳王麥克·泰森（Michael Tyson）做二十分鐘的拳擊練習。

不管你選哪一個都正確。實際上要做到並沒那麼簡單，這點不用多說你也明白。以我個人來說，小碗的泡麵實在不夠塞牙縫，所以我很少吃。若吃完一整份西式套餐，想用運動消耗掉全部熱量，幾乎不可能。

不幸的是，事情到這還沒結束。如前所述，人的身體不只求生存這個目的。我們內心渴望的是沒有多餘贅肉的苗條身材，但我們的大腦卻是個精打細算的傢伙，身上所有脂肪他都不肯輕易丟棄。當你想完全消耗食物的熱量，甚至想燃燒更多脂肪，一產生這個念頭的瞬間，你的大腦就會板起面孔，努力想辦法增加你的食欲。所以當你肚子餓時，腦中就會浮現炸雞、披薩、五花肉、泡麵等食物。這不是空穴來風，而是事出必有因。如果在餓肚子的狀態下，進行劇烈的有氧運動，就會像德國總理梅克爾（Angela Merkel）施行的能源緊縮政策，你的身體就會陷入連一根手指頭都難以動彈的地步。多虧大腦和中腦之間，有一個叫作「下視丘」的傢伙，它會產生一種調節食欲的物質（腦中阻止人體減重的神經細胞）。「我餓到頭昏眼花啦！快點幫我煮碗泡麵吧！」會讓人因飢餓而暈眩的東西叫作「神經細胞」（neuron），我們叫這傢伙「暈眩神經」吧！

肚子餓或口渴時，心情之所以會變差，就是暈眩神經發揮作用的關係[7]。狀況嚴重時，甚至會引起頭痛或暈眩。一旦活化暈眩神經，心情還會變得低落鬱悶。反之，只要進食讓暈眩神經停止作用，大腦裡的補償機制就會啟動。即使是平常吃的食物，也會感到格外美味。常言道：「飢餓就是最好的調味料」，果然言之有理。

暈眩神經非常聰明，不會因為你填飽肚子，產生飽足感就停止運轉。舉例來說，肚子餓時，就算吃了有水果香味，卻一點營養價值也沒有的食物，暈眩神經依然會活化，還是想吃有營養的東西。不僅如此，因為它不喜歡垃圾食物，因此會讓你不想再碰這種食物。沒有營養的食物，不管吃得再多，只會惹惱暈眩神經，沒有任何好處。

相反地，假設不管用什麼方法，先暫時抑制住暈眩神經，讓它無法分辨食物是否有營養，只要有吃東西即可，這樣就不會過度進食。即使是沒營養的東西，它也會吃得津津有味。肚子餓時，它也不會讓身體虛弱無力，而你依然精力旺盛。就算不吃東西也不會變憂鬱，對你夢寐以求的減肥大業相當有益。

目前為止，我們還無法像躺在沙發上玩手遊、隨心所欲地操縱暈眩神經。我們只能一一驗證至今有的方法，再判斷是否可用。請從下列三點中，選出你覺得正確的內容：

1. 為預防溜溜球效應，減肥時一定要放慢速度。
2. 運動時一定要減少食量，才能夠達到減肥效果。
3. 只要鍛鍊肌肉，即使不另外運動，也可以自然達到減肥之效。

大家都知道快速減肥，會導致溜溜球效應（Yo-yo effect，減肥者採取過度節食的方法，導致身體出現快速減重與迅速反彈的變化）。如果放慢減肥的速度，就不會產生溜溜球效應嗎？假設某人花了一年，慢慢減掉了一公斤。很遺憾，我還是要告訴緩慢減重的他，一個傷心的壞消息：他無法避免溜溜球效應。無論減肥的速度快或慢，結果都一樣。令人不敢置信，卻是千真萬確。

到底該怎麼做，才不會出現令人煩惱的溜溜球效應呢？澳州曾針對二百名想減肥的人，做了一個實驗[8]。分為二組，人數各一百名，其中一半的人高強度地快速減肥，另一半則是溫和地緩慢減肥。兩個群組的目標，都是將現有的體重減掉百分之十五。雖然兩組人員達到目標體重的時間各不相同，但大部分的參加者皆成功減重。若在這裡劃下句點，就是皆大歡喜的結局。然而三年之後，再度檢視這些參加者，發現他們已經讓減掉的體重回到身上了（逃不了溜溜球效應）。透過高強度快速減重的群組，雖然大部分的參加者都復胖，但仍維持在某種程度的減重狀態；相反地，緩慢減肥的群組，半數以上都恢復為原來的體重了。這是什麼晴天霹靂的消息啊？早知如此，還不如快速剷肉，慢慢減肥簡直是浪費時間！

那該怎麼做，才不會引起溜溜球效應呢？方法只有一個，就是堅持運動！在毫無人性的教科書答案下，往往包含了真正的教育意義。這也無可奈何，唯有堅持不懈地運動，才是解決溜溜球效應的唯一辦法。之所以會引起溜溜球效應，是因為身體無法適應急劇改變的環境。為了回到往昔的健康狀態，身體只好努力恢復原貌。如果不藉由持續的運動，告訴它這個世界已經改變，大腦就會為了迎接光明的未來，虎視眈眈尋找復胖的機會。所以只能持續運動，直到大腦認知外在環境無法改變為止。除此之外，別無他法。至於運動的期間長短，因人而異，也許比你預想得更久。去運動吧！而且要持之以恆。

還有，比起只做運動，若可以邊運動、邊調整食量，減肥的效果會更顯著。這個論點，想必大家聽到耳朵長繭了。當然，這是千真萬確的道理，問題在於是否能做到。減少食量再加上運動，對消除腹部贅肉十分有效。但是暈眩神經會作祟，一餓肚子就會憂鬱。情緒不佳的狀況下，也無法持續運動。聽起來怎麼好像在說我？沒錯，這同時也是我們每個人面臨的困境。俗話說：「知易行難」，就像「只要用功念書，就可以考上好大學」「長得帥，就可以交到女朋友」、「讀萬卷書，不如行萬里路」等，這些道理誰不知道？問題在於是否能做到。

大腦非常聰明，萬一運動而消耗了比平時更多的卡路里，它會千方百計讓你吃進更多熱量。努力運動後，趕緊煮碗泡麵吧！不過怎麼才吃沒幾口，碗裡只剩下湯汁？此時你開始煩惱，是否要再煮一碗？怎麼會這樣呢？因為大腦在誘導你，想辦法讓你攝取比平時更多的食物。

這傢伙甚至會在我們成功減到某個程度時，萌生危機感，命令全身肌肉進入省電模式。如此一來，即使做了和先前同樣的運動量，肌肉也無法消耗等量的能量，只會愛理不理，用最少的能量支撐下去。彷彿來了一場卡路里的金融危機，為防止動用到緊急預備金，在逼不得已的狀況來臨前，它只會做好節約措施。就大腦的立場來看，減肥這個行為本身就像無理取鬧，是非常沉重的負擔。如今，它連一點點蝴蝶袖都不願隨便丟棄了[9]。

由於大腦會產生干擾，減肥才會困難重重。運動不順，控制食量也十分不易。即使如此，若能運動和飲食控制雙管齊下，確實是最有效的減肥方法。所以，請不要因為效果不

不行，不行，不，不……
行行行行！！！！

彰就心情沮喪，這並不是因為你意志薄弱。實際上，減肥之路本來就是愈走愈艱辛。難度會逐漸增加，減肥本身也愈來愈困難。正所謂知己知彼，百戰百勝。來吧！有志者事竟成！

最後，還有一個論點：據說只要多長些肌肉，肌肉消耗的熱量比較高，所以減肥會變得比較容易。聽起來很有道理，黏附在大肚腩上的鬆弛肥肉，生性懶惰不愛活動，所以消耗不了什麼熱量；相反地，肌肉長得結實又壯碩，當然會消耗很多熱量。事實真是如此嗎？

肌肉愈多，運動時燃燒的熱量愈大，沒錯。所以只要鍛鍊好全身的肌肉，基本上只要呼吸就足以消耗熱量了？看似如此，實則不然。可惜的是，肌肉這小子就像隻整天躺著不動的樹獺。如果不使用肌肉，它就會懶洋洋。即使肌肉再多，能額外燃燒的卡路里，最多也只有三口可樂的熱量。稍微長了點肌肉就放心的話，在你鬆懈的瞬間，它就會像魔法消失的費歐娜公主（動畫電影《史瑞克》中受詛咒的角色，白天是美麗的公主，晚上變成像史瑞克的綠色怪物，但其實她的原貌是綠色怪物），頓時被打回原形。所以最好的辦法是盡量多鍛鍊肌肉，而且要不斷給予壓力，讓它們日以繼夜、不停工作[10]。

聽說用比較大的湯匙或叉子吃東西，會達到減少攝取食物的效果。因為拿著大叉子，大腦會覺得自己好像吃了更多東西，所以動叉子的次數會跟著減少[11]；反之，用比較小的碗，就會產生飽足感的錯覺效果[12]。如果一個人去餐廳吃飯，用餐時間就會縮短，攝取量會比一群人吃飯時明顯少很多。另外，據說看悲傷電影時，會吃比較多爆米花。既然如此，只好選擇喜劇了。就算知道這些又有什麼用？再多的理論也戰勝不了貪吃的欲望[13]。

一天只吃一餐也是如此，皇帝減肥法（像皇帝一樣享用美食，也可以瘦下來的飲食療法：在限制身體吸收碳水化合物的前提下，盡情攝取肉類和含有脂肪的食物，也可達到減重效果）和葡萄減肥法（以葡萄取代正餐的減肥法），這種只吃特定食物吃到撐死的方式，都有各自的支持者。重要的是，你要盡可能多方嘗試，找到最適合自己的方法。有點像一般科學家尋找研究主題的行為，就算你已經找到適合的方法，之後也要注意，是否有任何阻礙減肥的傢伙突然出現。

從另一個角度來看，為打造過瘦的身體而減肥，終究無法擁有快樂的心情。減肥造成營養不良的話，可能會影響下一代。尤其是無法從母親身上得到充足營養的孩子，可能會變成早產兒或罹患慢性疾病。再加上，無法攝取足夠食物的嚴酷環境印象，會烙印在嬰兒的大腦中，導致出生後，嬰兒的身體會以最大限度，吸收所能獲取的營養，進而得到肥胖、高血壓、糖尿病等疾病。雖然上述的說法只是論及所有的可能性，卻都有可能發生。

為健康而減肥當然很重要，如果有肥胖問題，就該為了更健康和幸福的生活而努力。

若單純想變得和藝人一樣纖細，或想穿上尺寸更小的衣服，這樣的減肥只會帶來更大的副作用。最重要的是，你要對自己的模樣有自信，活得理直氣壯。自然就是最美的，不要強迫自己，也不要強迫周圍的人去減肥。尤其是只是為了變得更美或更瘦，那種無意義的減肥。自信的態度就是你最美的模樣！

吃貨原來是這樣訓練出來的

人不只馴養狗，人還會馴服人！

這些人吃得好香啊！自從《六點我的故鄉》（韓國各地民俗與美食的故鄉體驗節目）開始播放以來，吃貨在不知不覺中，占據了各種網路頻道。雖不知理由為何，不過看別人吃東西的樣子，心情也會跟著變好。有人說，是因為自己在減肥不能吃東西，所以透過看別人吃東西的樣子，來撫慰自己的胃，進而得到補償性的滿足感；也有人說，因為在家獨自吃飯太孤單了，所以才會看這些節目；又或許，這只是單純從分享食物的習慣中，衍生出的一種高級娛樂。

大家應該都有在動物園或水族館，等待飼養員表演餵食秀的經驗吧！如果幸運得到親自餵食的機會，真讓人忍不住歡呼雀躍！看到梅花鹿或白羊認真吃著你餵的飼料，內心會產生一股莫名的幸福感，不自覺用鼻子哼起歌來。為什麼我們會如此喜歡餵食其他生物呢？吃飽太閒？食物過剩？回想起學生時代，當時只不過把從家裡打包的美味小菜與朋友分享，心情會變得特別愉悅。

從家喻戶曉的伊索寓言《狐狸和鶴②》就可得知，動物不會輕易跟別人分享食物。現實世界的生態系統中，動物共享食物的例子相當罕見。我認為分享食物這個行為，好像只在人類身上看得到。偶爾也會看到，有人把餅乾碎屑丟給正在穿越人行道的鴿子，或主動餵食流浪貓。在野生世界裡，這是一種對生存毫無幫助的習性。若足以維持生計，或許影響不大；如果不是，對自己和必須撫養的家人來說，絕對百害而無一利。可是大部分的人，都會自然地分享自己的東西。這麼做明明吃虧，但人們還是持續這個行為，代表應該會獲得什麼好處才對。唯有這樣解釋，才能符合一般常識。因為所有生物都是如此適應環境，才得以生存下來。

有一個相當有趣的研究可說明這點。人類與寵物生活在一起，最大的好處是什麼？只

② 編註：狐狸請鶴來家裡吃飯，狐狸用平坦的盤子裝湯招待鶴，狐狸吃得津津有味，可是鶴一口都喝不到。隔天，鶴也以牙還牙，來回報狐狸。故事的寓意是：要別人尊重自己，自己先要懂得尊重別人。

是互相看著對方也很好吧！這種情況透過科學也得到了驗證。有研究結果顯示，與寵物在一起時，人類的壓力會自然而然減輕。假設工作的壓力值是七十，當你躺在沙發上，看電視的壓力值是六十六。即使是休息時間，壓力值也不會是零。想要減少壓力值，比想像中來得更不容易。但當你與寵物交流時，壓力值足足減少至五十三。甚至只要跟這個毛茸茸的小傢伙四目相接，大腦就會分泌一種「催產素」（oxytocin）的激素，它有助於調節呼吸與降低血壓，讓你的身心保持在一種穩定的狀態[14]。

那人類是從什麼時候開始飼養寵物？自人類開始用雙腳站立走路，學會用雙手操作工具，已經有很長一段歲月了。人類像大猩猩或人猿一樣，拿著小石頭敲敲打打，大概是二百萬年前的事。若要探討人類會使用動物害怕火的時間，可追溯到四十萬年前左右。比起基本的敲擊，帶有魔力的火似乎更難控制，但馴服動物的難度可能更高一級。實際上，人類馴化動物的時間只有二萬年而已。

最初，人類試圖馴服動物的目的是什麼？是為了把牠養大，做成新鮮的烤肉來吃嗎？也有可能。還是為了從事農業工作時，可以省點力氣？與人類開始進入農耕社會的時間相比，更早以前人們就開始馴養動物了。這答案或許可在以下兩者的隱密關係中，找到蛛絲馬跡：以跳躍聞名的馬賽人和對蜜蜂幼蟲情有獨鍾的響蜜鴷（分布於非洲及亞洲南部的奇特鳥類，牠發現蜂窩時會發出叫聲，吸引蜜獾或人類跟著牠找到蜂窩）之間存在戰略性的商業關係。兩者間是誰先協商，最後又如何解決，關於這些並沒留下任何資料。最重要的是，馬賽人需要蜂巢裡的蜂蜜，而響蜜鴷喜愛的是蜂巢裡的幼蟲。馬賽人進入森林後，響蜜鴷就會開始高聲鳴叫，引導馬賽人到有蜂巢的地方。馬賽人找到蜂巢、採集蜂蜜後，處理只剩幼蟲的蜂巢，自然就成為響蜜鴷的工作。馴養動物這件事，或許就是從這種互助的合作關係開始的。

說到最早被人類馴服的動物，很多人會先想到與我們最常吃的雞，不過正確答案是人類永遠的朋友——狗，才是最早馴化的動物。人與狗在一起，就像在遊戲中各自扮演防禦與突擊的角色。古老的洞窟壁畫裡，也有人與狗聯手突擊其他動物的場景。從很久以前，狗就以擅長打鬥聞名，而且始終是人類最忠誠的朋友。

狗的爺爺的爺爺的爺爺的狗爺爺，與狼的爺爺的爺爺的爺爺的狼爺爺，其實曾是同樣的動物。換句話說，狗和狼過年過節要祭拜的話，牠們倆會向同一個祖先磕頭。牠們接近進化的尾聲後，雖然分別演變為兩種完全不同的動物，但在很久以前，狗的習性其實更接近狼。當時牠們擁有更鋒利的牙齒和爪子，而且性格遠比現今的狗更凶殘。

為什麼人類最早馴服的動物偏偏是狼？盛氣凌人的狼既是人類的天敵，也是與人類爭奪的食物鏈競爭者。照理說是很難相處的傢伙才對。應該要殺死牠，以求自身安全，不然也該驅逐至遠方，為何人類偏偏要馴養這傢伙？

當然，想要馴養狼並不是容易的事。身為人類有史以來的第一隻寵物，馴養狼比馴養其他動物花了更長的時間。不可能餵一次飯，牠就立刻一邊發射愛心、一邊朝人類奔來。或許牠經歷了一段，在野生狼和寵物狗之間曖昧不明的階段。所以起初飼養的狼並不像韓國電影《狼少年》裡的宋仲基，而是狼狗嗎？其實到國外，可以發現這樣的流浪狗還不少。與人們飼養後拋棄的流浪狗不同，這些傢伙成群結隊地過活，且歷時許久，也許牠們才是與狼狗最相似的品種。

上了年紀的老狼一旦從狼群中脫隊，獵取食物就沒那麼容易了。所以牠只能吃人們剩餘的食物，或卑躬屈膝地露出討好的微笑，向人類乞討食物以填飽肚子。這種關係反覆出現，所以落單的狼比狼群中的狼，多了厚臉皮的性格。再加上，人類本來就偏好餵食行為。慢慢地，在這個過程中，既能飼養又能玩樂的新奇物種就此誕生。

就像電影《阿凡達》，男主角馴服了一隻名為「托魯克瑪克托」，長相有如飛禽界馬東石（韓國男演員）的紅色巨龍，返回部落後，立刻受到媲美韓國人氣男子團體——防彈少年團BTS等級的明星待遇。在當時，原始人馴養狼隻不僅是生存所需，也是一種休閒娛樂。和狼群結盟一起打獵的話，成功率比單槍匹馬高出一點五倍。當然，捕獲的戰利品必須與狼分享。在利益至上的時代，能擁有與眾不同的競爭力才是最重要的事。

成功馴服狗的人類，從此獲得了信心，因此也開始嘗試馴養其他的動物。如此一來，在拓展事業版圖下，收入變得頗為可觀。當時正值農耕和畜牧起步時期，從這一點來看，對人類文明的推動，飼養狗發揮了相當重要的作用。自從開始養了狗，人類陸續養了羊和牛，接著學會種植稻米。這麼說來，是否有點像大企業擴張事業時，常用的多角化經營戰略（又稱「多元化戰略」，屬於開拓發展型戰略，是企業發展多品種或多種經營的長期謀畫）呢？

這裡又出現一個疑問：在馴養前後，動物是否有所變化呢？像是：哭叫聲從「啊嗚！」變成了「汪汪！」，或是狗從一言不和就吵架，變成以對話來解決問題，進一步學會生活禮儀？不管怎樣，我想牠們都已經明顯改變了。單看狼和狗的外貌，給人的感覺完全不一樣。請從下面的選項中，選出正確的答案：

1. 身上的花紋變得更多元，就像乳牛或斑馬。
2. 原先平整向上豎起的耳朵，會摺疊起來。
3. 鼻子變得扁平，下巴往內凹陷，變得比較娃娃臉。

雖然狼長得很帥氣，但狗的模樣也很可愛。飼養後，才發現牠撒嬌的本事愈來愈厲害。在進化論上留下歷史性的一筆，並以演化論聞名的查爾斯・達爾文（Charles Darwin）大哥，繼《物種起源》（*On the Origin of Species*）之後，他於一八六八年所著的《動物和植物在家養下的變異》（*The Variation of Animals and Plants Under Domestication*）一書中，曾詳細提及這部分。

以結論來看，以上三點都正確。即使並非有意，一旦馴服後，自然而然會發生各種變化。專門挑出奶量多的牛隻來飼養，就會出現身上帶有斑點的乳牛；馴服後讓牠們過著舒適的生活，動物不需再豎起耳朵警惕周圍，所以耳朵自然會往下摺。

鼻子和嘴巴沒有向外突出，而是往內凹陷，這表示頭蓋骨的長度變短了。實際上，野狼的頭蓋骨比較長，但從馴化的約克夏和馬爾濟斯來看，牠們的頭蓋骨明顯短了許多。長大後仍維持小時候的模樣，因為牠們的大腦變小了。你該不會以為大腦變小，所以牠們也跟著變笨吧？如果大腦愈大，代表愈聰明，大象早就成為門薩（Mensa，世界上規模最大及歷史最長的高智商同好組織）的會員了。

說牠的大腦變小，並非指牠會變成傻瓜，而是與先前相較之下，牠在使用智能的方向產生了改變。狼的大腦必須適合野外生存，因此與嗅覺密切聯在一起，但是狗的大腦就沒必要長成這樣了。不過狗還是保有敏銳的嗅覺，這一點無庸置疑。

桀驁不馴的野生動物經常處於緊張狀態，會分泌很多腎上腺素，所以才會瞳孔擴張、口乾舌燥、心跳加速。簡單地說，就是維持在一種亢奮的狀態。一旦被馴化，周遭環境的危險因素就會消失，所以牠們會放下戒心、不再亢奮。即使見到人類，也不會那麼緊張了。此時，牠們身上會分泌出一種「血清素」的幸福荷爾蒙。與人類相處愈親近，幸福荷爾蒙的數值就愈高，甚至高於亢奮時所分泌的荷爾蒙。

有趣的是，並非只有荷爾蒙數值會變化。與荷爾蒙相關的基因，會讓身體的膚色、軟骨、骨骼細胞等，皆產生改變。以人類的情況來看，黑人捲髮的機率，比其他人種高出許多，因為黑人基因中有某種讓頭髮捲曲的東西。代表著人種特徵的變化表現於外，形成了人種之間的差異。馴化的獸類也是從非常小的時候，甚至在出生之前的受精卵狀態，就已受到與荷爾蒙有關基因的影響。最後改變的不僅是荷爾蒙，連身體的紋路、頭蓋骨的形狀，都會隨著成長而變化。

演變成這樣，需要花多長的時間？我們來請教一下，實際上馴服過狐狸的人吧！唯有經驗才能告訴我們事實。一九五二年，有位名叫德米特里．別利亞耶夫（Dmitry Belyayev）的俄羅斯生物學家，決定要馴服性格凶猛的銀狐。不過他並沒有正規的訓練，或故意與銀狐肢體接觸。他只是走向關了銀狐的鐵籠，挑選一些沒有攻擊或逃跑的傢伙，讓牠們互相繁殖。等到牠們誕生小狐狸，再次進行篩選，接著讓牠們反覆繁殖下去。

最後終於馴養出像狗一樣會搖著尾巴、與人十分親近的狐狸。整個實驗甚至沒有花多長的時間，只是讓牠們繁殖了八代，馴化的銀狐就此誕生。再經過四十五代的反覆繁殖，之後出生的狐狸有百分之八十以上，都會跟著人類走，一看就知道是馴服的動物。順帶一提，俄羅斯經濟不景氣時，他們開始出售這些改良後的寵物狐狸，價格約是一輛小型汽車的價格。為了炫富，還是有很多富人願意買單。

跟著我來~

「我正在找朋友，『馴養』是什麼意思？」小王子再度詢問。
「是一種人們經常忽視的行為。」狐狸說。
「意思是：『建立連帶關係』。」
「建立連帶關係？」
「當然。」狐狸說。
「對我而言，你只不過是普通的小男孩，和其他成千上萬的小孩沒有兩樣，我不需要你；對你來說，我也和其他成千上萬的狐狸沒什麼不同。但是如果你馴養我，我對你而言，就是全世界獨一無二的存在。」

——摘錄自安托萬．德．聖修伯里（**Antoine de Saint-Exupéry**）的《小王子》（***The Little Prince***）

這本將馴養的意義告訴人們的著名小說裡，馴養的對象正是一隻狐狸。不過這本小說面世的時間，比最早開始馴養狐狸的實驗早了十六年，或許別利亞耶夫一開始選擇實驗對象的過程中，是受到《小王子》的影響也說不定。

目前為止，我們都把馴服當作單方面的關係來討論，但其實馴服的過程中，雙方都會受到影響。就像我們馴服狗的同時，狗也正在馴服我們。從人類進化過程的樣貌來看，從曲膝彎腰的姿態、到站立的現代人（也稱智人），變化的過程與先前談論的馴養動物的方式，幾乎一模一樣。人類即使長大成人，也會維持與小時候相同大小的頭蓋骨形狀，就像馴服的動物。

現今的人類進化過程中，動不動就爭個你死我活的人類，最後都滅絕了。只有互助合作且富有同理心的人，才會產生大量的血清素荷爾蒙，因此能相互馴服的人類才能生存下來。接著，人類以這樣的經驗作為基礎，進一步馴服其他物種。老實說，這個說法著實讓我大吃一驚。我本來認為，人類身為食物鏈最頂端的捕食者，才會去馴服其他生物，沒想到我們自己也是透過互相馴服，才能走到今天。人類馴化了人類，狗和人類馴化了彼此，所有生物都是藉由相互的馴化，演變為現今的世界。那些陪伴我們身邊的毛茸茸傢伙，牠們有資格被稱為「人類的伴侶」，而不只是寵物而已。

其實你身上也留有被馴化的痕跡——就是眼白。不是雞蛋的蛋白，是眼睛的眼白。未馴服的動物眼睛裡是看不到眼白的，但人類的眼睛裡大部分都由眼白占據，寵物也是如此。

即便眼白範圍再擴大，對視力也沒有任何幫助；黑色的瞳孔愈大，才愈有利於視力。反之，眼白愈多，視力只會愈下降。既然要承受如此不利的情況，為什麼眼白還是變多？我相信眼白的存在，還是可以帶來某些好處。

有眼白的話，遠處就能知道對方在看哪裡，可以感覺彼此互相凝視的眼神，溝通時也經常以目示意。這表示，透過瞳孔所看的方向，可以給予雙方信任的感覺。哪裡還有比這更適合當作彼此馴服的證據呢！從電影《猩球崛起》來看，主角黑猩猩凱撒，就像人類一樣擁有眼白。這並不是粗糙的道具裝扮，導致戴上猩猩面具的演員露出了眼白，而是猩猩往人類方向進化時，為了讓自己看起來更像人類，而在演化中形成了眼白。

現在是吃貨大啖美食的吃播節目，與看節目的觀眾之間產生相互作用。但其實最初的吃貨是動物和人類，還有人和人之間相互馴服的過程。不過近來比起吃播，寵物節目似乎更受歡迎。與其看吃貨吃給大家看，如今大家更喜歡看餵食動物的畫面。吃播也好，寵物節目也好，其實都無所謂，最重要的是能讓人們產生彼此照顧的相互作用。建立這種關係才是最重要的，請大家銘記這一點就好。力大無窮且腦袋瓜碩大的尼安德塔人（簡稱尼人，是生存於舊石器時代的史前人類），最終仍不敵現代人而滅亡了。所以為了繼續生存下去，身為現代人的我們，未來應該朝向更良好的關係發展。現在開始，請對周遭的人好一點吧！

餐廳約會話題：炫耀一下美食知識吧！

梅納反應讓食物更好吃！

以下介紹韓國最棒的美食餐廳，與實際造訪者的心得，給即將去約會的你參考。當然，飲食這種東西，每個人都有自己的喜好。若能取得更多有用資訊，我想也能幫助你約會，不是嗎？我們的資訊應該要有什麼特別之處吧？你造訪的美食餐廳，除了美味之外，應該還有其他特色。讓我們用科學來虛張聲勢，為約會增添更美好的滋味吧！

味道的秘密，泡菜篇！

〈泡菜汗蒸幕〉九點八分（點閱數：三十五萬三千二百八十一次）

「太好吃了，令人驚艷；我本來就很喜歡吃燉泡菜，不過搭配青花魚一起吃，味道又不同了，豬肉一點騷味都沒有。而且肉質太軟嫩了，筷子一夾就分開，只要吃一口就會愛上它。栗子馬格利酒也是一絕，好喝到讓人全身起雞皮疙瘩；雖然小菜選擇不多；炒鯷魚也超讚的！」

蘊涵韓國老祖先智慧的傳統食品——泡菜！泡菜隱含大量的科學知識，這些老生常談已聽到耳朵長繭，對真正的道理卻一知半解。吃燉泡菜時，如果談起泡菜的科學，你可能會被當成神經病，不過這輩子你總有機會當一次說明蟲（沒有人要求，卻自顧自解釋事情的人）。為了避免到時你只能挖著鼻孔，空嘆千金難買早知道，奉勸你最好準備一番。

MC
先生，請問您最
喜歡吃什麼樣的食物呢？
嗡嗡
原始人
腐壞的食物是最棒的。

泡菜的做法是從鹽巴醃製白菜開始，這麼做並不是調整口味的鹹淡。應該聽說過滲透壓吧？就像粉絲朝偶像蜂擁而上，水也有往濃度高移動的現象。如果把鹽巴撒在白菜的周圍，白菜裡的水分會紛紛往外流，白菜會變成最適合醃製泡菜的狀態。

泡菜是一種發酵食品。所謂發酵，其實是運用腐敗的方式。不管怎麼想，這種創意不得不令人由衷地佩服。一般食物只要腐壞就會被扔掉，這是很普通的常識。但泡菜卻是為了長期食用而故意腐敗，所以它擁有樂扣樂扣保鮮盒的精神，以長期保存為畢生志業的勇者。

西元前七千年左右，最早嘗試進行發酵的證據，出現在中國河南省發現的罈子裡。利用蜂蜜和水果等食材來釀造酒，不愧是中國的等級。與韓國的馬格利酒頗為相似。順帶一提，馬格利酒所含的抗癌物質③，是其他酒類的十倍以上。但想達到抗癌效果，必須喝十三瓶以上才會見效。再次提醒大家，馬格利酒並不是健康飲料，它是貨真價實的酒類。

發酵是微生物為了在艱難的世界中生存，而進行的代謝活動。你應該知道什麼是代謝活動吧？我們把昨晚吃的炸雞，轉換為身體的能量或製造成糞便，叫作代謝。換句話說，就是微生物吃了什麼東西，再把它拉出來的意思。有趣的是，這個過程並不是由單一的微生物引起。以泡菜為例，乳酸菌和有害細菌等多種微生物，一邊興奮地努力工作，一邊搞得一團亂的同時，才製作出這種辣呼呼的泡菜味道④。微生物已經召開一次年終尾牙晚會。只要調整好溫度，維持在低溫狀態，反而可以長時間保存，吃了之後對消化也有助益。

這些進入我們體內的微生物，都扮演著相當重要的角色。一提到微生物，讓人聯想到好像寄生在身上、把營養成分都吸走的寄生蟲。並不一定都是壞東西。微生物對我們的健康，也產生非常重要的作用，與各種疾病都有密切關係。明明沒有想上廁所的感覺，一緊張的話，常會出現拉肚子的症狀，這就是所謂的「過敏性腸道症候群」，是一種疾病。偶爾，我們也必須透過這些傢伙的分解作用，才能得到能量和維生素，所以別再罵微生物了。今後，與它們攜手同心，一起好好地生活下去吧！順帶一提，體內的微生物大概有一百兆隻以上。

---

③ 韓國食品研究院食品分析中心，河在浩博士的研究團隊在馬格利酒裡，發現了抗癌物質法尼醇與角鯊烯，是世上首度發現的研究成果。

④ 是一種名為「檸檬明串珠菌」（Leuconostoc citreum）的乳酸菌，製造出乳酸和碳酸之後產生的味道。

味道的秘密，蟹肉篇！

〈白食樓〉九點二分（點閱數：二十四萬一千一百二十二次）

「這是一家中華料理店，一開始就被它的店名笑死，呵呵。我本來就很喜歡吃炸醬麵，比較不愛吃炒飯，但是這裡的蟹肉炒飯真的太讚了！呵呵，飯粒軟硬適中，火候也剛剛好，嚼勁十足。呵呵，食物實在太好吃了，連洗手間都覺得是香的，呵呵，大推啦！」

蟹肉炒飯可能會有蟹肉，但蟳味棒卻沒有蟹肉。蟳味棒主要由冷凍的阿拉斯加鱈（鱈屬的一種魚類）製作而成。敲碎黃線狹鱈後，先拉成絲線的形狀，再凝聚起來，就會變成形似蟹肉紋理的蟳味棒。再加入蟹肉的色素，從蟹殼中萃取出螃蟹的味道加進去，模樣逼真的蟳味棒就完成了！捏著鼻子吃看看，其實它完全沒有螃蟹的味道。

蟳味棒之所以能做到以假弄真，是因為人類從食物中感受到的風味，大部分取決於嗅覺。實際上，味覺只能分辨出幾種味道，像是大家熟知的甜味、鹹味、酸味、苦味和鮮味等，以及最近才發現的油味。若再加上擁有感知數百種氣味的嗅覺，我們就能感受到非常多元的味道了。

捏著鼻子吃葡萄的話，你能感受到甜味和酸味，卻無法感受到葡萄的風味。若說我們是用鼻子來品嚐食物，這話一點也不誇張。香蕉牛奶只有香蕉的香氣，從海鮮辣湯麵感受到的炭火香氣，其實是口腔咀嚼後產生的焦油味，透過小舌後方進入鼻子感受到的氣味。只能透過鼻子感受嗎？不，還可以用眼睛，也可以用耳朵感受。傳達感覺的器官竟有這麼多，這可不是在談論十九禁的話題，而是在討論味道的故事。

餐盤的稜角處若朝著你，你可能會不自覺把它轉到別的方向，因為那會降低你的食欲[3]。吃圓形起士時，你也覺得好像比吃稜角分明的切片起司，感覺柔軟許多。甚至連相同的葡萄酒，有時喝起來覺得冷冰冰，但只要放在紅色燈光下，就覺得色澤不僅更紅艷，喝起來口感也變得更甜美。味道本身給人的感受，就變得完全不同了。香脆的炸薯條比濕軟的吃起來更美味，這是當你發出咔啦咔啦的聲音，會影響聽覺的關係。油炸食品的香脆感不是真的存於味道中，而在你的耳朵裡，這點請大家務必銘記在心。所以說，吃韓國糖醋肉時還是不能直接淋上醬汁，得分開來，蘸著醬汁吃才是王道啊！

味道的秘密，漢堡篇！

《漢堡王》八點九分（點閱數：十九萬九千七百七十一次）

「這裡的客人不是王，漢堡才是王，對待客人實在非常不親切。不過味道還是值得被肯定。肉排煎得焦焦的手工漢堡，雖然不知道美味的秘訣是什麼，總之很好吃就是了。」

根據目前為止的經驗，可以從科學角度來分析，某些不知名的手工漢堡店為何會出名。

首先，吃漢堡前，如果用包裝紙的沙沙作響聲，刺激聽覺，對吃漢堡這件事的期待就會油然而生。想善用觸覺，與其用刀子切著吃，不如用手拿著吃更好些。果然漢堡就是要加一點手的味道！為了讓顧客能一口品嚐到，整體食材組合起來的味道，漢堡的高度定在七公分左右最合適。首先，聞一聞味道吧！然後慢慢地睜開眼睛，五感即將得到滿足的漢堡正在前方等著你。

肉排也是不可或缺的部分，偶爾會有不熟練的廚師把肉的表面烤焦，然後說是為了保存裡面的肉汁。確實，蛋白質的表面烤過後就會變硬，防止肉汁流出。聽起來好像煞有其事，但這不是真的。實際上，只要把煎好的肉排翻面，肉汁就會從上面或旁邊滲出來。肉排表面上焦焦脆脆的地方，其實就是肉汁本身。如果煎烤過蛋白質，就能防止肉汁外溢，那麼總有一天，我們也會在下雨天，穿上由煎烤蛋白質製成的雨衣出門，說不定會變成話題十足的熱銷商品呢！

儘管事實並非如此，你還是從表面微焦的肉排中，感覺吃到了濃郁的肉汁，但其實這不是肉汁，而是你的唾液。看到煎得金黃酥脆的肉排時，你的內心充滿期待，於是口腔裡分泌出許多唾液。光是咀嚼時，咬碎的細小肉塊與你的口水一起在舌頭上跳動，你不得不對美食發出一聲讚嘆！

姑且不論肉汁，我先把肉烤得美味的方法告訴你吧！非常容易，只要用大火烤一下就行了。這是法國科學家路易斯・卡米爾・梅納（Louis-Camille Maillard）發現的「梅納反應」（Maillard reaction）。簡單地說，只要用攝氏一百六十度以上的高溫烤肉，肉裡面就會產生很多味道豐富的物質。若把肉放在水裡煮，或用微波爐烹調時，肉的味道就沒那麼好，原因也在此。因為不管用水怎麼煮，溫度最高只到攝氏一百度；而微波爐的微波會震動水分，所以這兩者都無法達到高溫的標準。一百度的溫度無法引起梅納反應。為了約會時能營造出美好的氣氛，所以你決定專程去道地的西餐廳。此時，只要切一塊肉放入嘴裡，然後說一句：「今天的梅納反應還不錯！」就行了。雖然總覺得有點犯傻，不過應該是個帥氣的傻瓜吧！

味道的秘密，義大利麵篇！

〈超級巨星〉八點六分（點閱數：十七萬三千三百二十二次）

「和朋友偶然路過，室內裝潢得可愛又漂亮。若要說他們家的義大利麵是全宇宙最好吃的，可能還沒到那個程度，不過若說是地球上最棒的義大利麵，應該不為過吧？呵呵，也許是因為老闆從義大利留學歸來，不但麵條煮得剛剛好，也不會太鹹。強力推薦給喜歡吃清爽義大利麵的人！甜點的種類也相當多，尤其是蘋果派和巧克力蛋糕，絕對不會輸給外面的專賣店。」

約會的時候，果然還是少不了義大利麵！其實烹飪方法比想像中來得簡單，適合親自下廚（幾乎像煮泡麵一樣簡單）。當然，泡麵若沒有按照食譜做，也可能失敗。至於做得美味與否，就另當別論了。

有人說煮義大利麵時，如果不想讓麵條像情侶黏在一起，就得在煮沸的水裡放入幾滴油。一想到麵條遇到油，會變得滑溜溜的，就覺得這句話似乎挺有道理。不過其實油並沒有溶入水裡，只是漂浮在水面而已。所以能不能接觸到麵條，還是個未知數。但若加入少許的食用醋或檸檬汁等帶著酸味的液體，可以防止義大利麵的澱粉散開，可減少麵條黏成一團的機會。

當然不能漏掉甜點的部分。特別是許多用草莓或香蕉等水果做成的甜點，水果本身的味道不能太差，甜點才會好吃。但我突然有點好奇，剝去外皮前，很難確認水果是否熟透，能不能透過科學提前得知呢？也就是說，在賣西瓜的大叔揮刀、殘忍地砍向西瓜、將它切成片狀之前，有沒有辦法預先知道西瓜的甜度？以西瓜為例，聽說表面紋路顏色深、蒂頭未乾掉的才是好西瓜。嗯，雖然可以得知新鮮度，卻無法保證嚐起來甜如蜜。以前的方式是，先挑出幾個西瓜樣品，直接用西瓜汁測試糖度，但最近有更科學的方法了。現在是用遠紅外線反射出來的光線來確認糖度，各種水果的成分不同，反射出的程度也不同。如此一來，就能測出水果是否香甜。

不是甜就好，如果吃太多甜食，會引發身體的糖化反應，有致命的危險。身體裡發生的各種反應，都必須正常調節才行，但糖化反應卻是一種無法正常調節的隨機性反應。糖塊就像趴在桌子上睡覺時，從嘴角流出的口水，會沾黏在任何蛋白質上。萬一黏到重要的蛋白質，功能就會發生問題。尤其是黏在皮膚細胞時，它會讓負責支撐皮膚彈力或紋理的蛋白質變僵硬，於是皮膚就會長皺紋、變鬆弛。想維持年輕的外貌，得先減少攝取甜食。

人一輩子停不下來的就是吃，不管用鼻子還是嘴巴，總是不斷處於進食的狀態中。如果出現一家餐廳，它的美食透過五感，為你帶來了一場味道的饗宴，你還會為這份感動，在網路上留下一段美食後記。有趣的是，不只是舌頭，內臟也會出現類似的情況。就像逢年過節回老家，父母到門口開心地迎接你。只要葡萄糖一進入體內，身體就會產生一種叫作「胰島素」的激素，主要功能是維持葡萄糖的數值。過去數十年間，科學家一直思考，為什麼在身體注射葡萄糖，會比直接用嘴巴食用時分泌更多的胰島素？最後終於找出原因，研究發現，存在小腸的味覺細胞，也會像舌頭一樣感受甜味[15]。不只口腔，肚子裡也有像舌頭一樣的感應器。看來，以後得參考小腸寫的美食文章，來調節身體裡的荷爾蒙量了。

食材和料理的種類多如繁星，其中蘊含的科學也永無止境。很早以前，我們的祖先十分看重飯桌教育。如今，在飯桌上不僅要分享人性教育，科學也是不可或缺的一環。在餐桌上用科學打開話閘子，勇於打破不實謠言。若能做到這樣，我也別無所求了。

1. 「Why I don't have a girlfriend: An application of the Drake equation to love in the UK」, Peter, 2010.
2. 「Optimal Stopping and Free-Boundary Problems」, Peskir et al., 2006.
3. 「Using Judgments to Understand Decoy Effects in Choice」, Douglas Wedell & Jonathan Pettibone, 1996.
4. 「The Effect of Forced Choice on Choice」, Ravi Dhar & Itamar Simonson, 2003.
5. 「The influence of fMRI lie detection evidence on juror decision-making」, McCabe et al., 2010.
6. 「It's OK if 'my brain made me do it': People's intuitions about free will and neuroscientific prediction」, Nahmias et al., 2014.
7. 「Neurons for hunger and thirst transmit a negative-valence teaching signal」, Betley et al., 2015.
8. 「The effect of rate of weight loss on long-term weight management: a randomised controlled trial」, Katrina Purcell et al., 2014.
9. 「Effects of experimental weight perturbation on skeletal muscle work efficiency, fuel utilization, and biochemistry in human subjects」, Rochelle Goldsmith et al., 2009.
10. 「Effects of Exercise Training on Glucose Homeostasis」, Normand G. Boulé, 2005.
11. 「The Influence of Bite Size on Quantity of Food Consumed: A Field Study」, Arul Mishra et al., 2011.
12. 「Portion size me: Plate-size induced consumption norms and win-win solutions for reducing food intake and waste」, Wansink et al., 2013.
13. 「The effects of degree of acquaintance, plate size, and sharing on food intake」, Koh & Pliner, 2007.
14. 「Effects of Affiliative Human–Animal Interaction on Dog Salivary and Plasma Oxytocin and Vasopressin」, Evan et al., 2017.
15. 「Taste receptors of the gut: emerging roles in health and disease」, I. Depoortere, 2013.

第三部

電影般的現實，
現實般的電影

地球人就是全宇宙的外星人？

外星人確實存在的最強力證據

假設外星人真實存在，會讓人惶恐不安，但沒有的話，也令人擔憂。不管是電影或漫畫，只要每隔一陣子，就會看到以外星人為主題的作品。只要是生活在地球的人類，無論男女老少，我想每個人都曾幻想過外星人。因為很難證明它不存在，但也沒有足夠證據來證明發現外星人。所以從很久以前開始，外星人就如同雞肋，讓人食之無味、棄之可惜。在童年記憶中，被稱為外星人或E.T.的傢伙，總有非同尋常的獨特外貌：例如眼睛特別大或脖子很長。也許考量到它們生存在與地球不同的環境，因此科學家也進一步嘗試考證。

但現實情況是，我們仍無法確認外星人的樣貌。有趣的是，同樣來自地球以外的地方，如果長相英俊，我們就不會稱為外星人。外表帥氣又力大無窮的超人和雷神索爾，在角色設定上都是外星人；而二〇一三年播出的韓劇《來自星星的你》，金秀賢是個魅力十足的花美男，將觀眾迷得暈頭轉向，所以幾乎沒有人記得，其實他飾演的都敏俊也是外星人。因為有各式各樣的情況，狀況不同又有所變化，所以很難將人們對外星人的認知整理清楚。最初，人們究竟是如何提及外星人的存在呢？

故事說起來，要追溯到遙遠的以前。一八七七年，名叫喬凡尼・斯基亞帕雷利（Giovanni Schiaparelli）的義大利天文學家，用望遠鏡觀看外太空時，在火星上發現了類似運河的地形特徵。由於運河並非自然形成的景觀，而是有目的的在陸地上開挖一條河道，所以這個發現讓人聯想到，火星上是否有生物居住？是誰？到底是誰住在哪裡？人們在腦海中展開各種不可思議的理論，火星上住著外星人的概念，就像彗星一樣閃耀登場。此後，很長一段時間裡，許多科幻小說家和電影製作人，都會用這種似是而非的論點，將所有外星人的出身統一歸為火星。火星上真的有外星人嗎？為表示禮貌，這個問題我們得問問真的去過火星的人。

〈採訪對象一〉

海盜一號（Viking 1）

Q. 你好，海盜一號，請問你去過火星嗎？

A. 當然去過。我可是風靡一時的太空船！

Q. 聽說你和天文學家卡爾．薩根（Carl Edward Sagan）一起拍的照片很出名？

A. 啊，那個不是我，只是某個地球的山寨貨。聽說是為了紀念，而做一個和我一模一樣的模型。

Q. 請問當初帶什麼任務前往火星？

A. 也沒什麼，其實任務很簡單，就是確認火星上有沒有外星人。

Q. 外星人嗎？什麼樣的外星人？怎麼確認的？

A. 啊，其實並不是什麼了不起的傢伙，大概只是土壤裡的微生物，硬說是外星人也太不好意思了。主要確認它們是否會呼吸，會不會吃東西或排泄之類的，就可以了。

Q. 喔，所以真的有外星人存在嗎？

A. 它們好像會呼吸，也會吃東西，但不會排泄。不會大小便的話，這些傢伙應該無法稱之為人吧？

另外，還有一個更有趣的探勘紀錄。就像美國有美國太空總署（NASA），歐洲也有一個歐洲太空總署（ESA）。他們把一台名為「小獵犬二號」的太空飛行器送到火星上，目標依然是尋找外星人。本來以為這艘太空船，會像有「小惡魔」之稱的小獵犬一樣橫衝直撞，一著陸就狠狠咬住獵物。沒想到什麼事也沒發生，它只是安靜地降落在火星上。但不管怎麼說，至少也安全著陸了。

〈採訪對象二〉

小獵犬二號（Beagle 2）

Q. 今天讓我們來拜訪一下，不久前才在火星著陸的小獵犬先生，你好。

A. ……你……好……這是什麼？難吃！我呸……（天啊！你……）

Q. 小獵犬先生，你有聽到我說話嗎？

A. ……

Q. 對火星上小獵犬先生的採訪，到此結束。

雖然有些驚慌，不過二〇〇三年，小獵犬二號在火星表面登陸後，就與地球失去聯繫。當時甚至有傳聞，說因為火星上的外星人害怕暴露身分，所以太空船一著陸後，立即就被毀滅了。難道外星人也知道「惡魔犬」的可怕嗎？不過事隔十二年後，已經確認小獵犬二號仍安然無恙。就像被韓國知名動物訓練師姜亨旭（강형욱）調教過一樣，乖巧無比。世

界上沒有胡亂造就的太空船，如果真的有外星人，我想他們也不會讓太空船完整無缺地留在原地。從當時的狀況來看，與其說遇到什麼問題，不如說它登陸時與火星表面擦撞，導致通訊設備無法正常啟動，這樣的可能性反而更大。

火星上常出現可以證明外星人存在的蛛絲馬跡。經常有人聲稱，在火星各地觀測到火星人的臉龐、人類的手指、女人的臉、蜥蜴、骨骼、頭蓋骨、人工建築物等現象，不過大都是相機畫素不足、或幻覺引發的鬧劇。如果今後火星旅行開始普及，應該是一項非常競爭的旅遊商品。但以科學的觀點來看，我們就一笑置之吧！

還數次出現這樣的消息：從火星飛來的石塊上，發現了疑似外星生命體的化石證據。竟然把證據完整包裝起來，再扔向地球，難不成火星上還有「親切的火子」（取自韓國電影名《親切的金子》）？其中最激烈的爭論，始於一九九六年，大衛・麥克卡伊（David McKay）教授的論文，他甚至出示用電子顯微鏡拍攝的火星細菌照片。

由於當時還沒出現像樣的火星照片，因此視覺上的證據，立刻引起社會熱烈的迴響。若仔細思考下，是否能因為它與地球上的細菌形態相似，就輕易斷定它是來自外星球的生命體化石？而且當時教授還是頗有人氣的科學部落客（哎呀！沒想到科學界也有人氣部落客）。只憑著幾條扭曲的線，就判定與地球細菌相似的話，我想這種水準應該不足以被稱為科學，而是迷惑大眾的行為吧！也許不久之後，就會傳出從隕石上發現外星兔子的消息了。

突然想起我服兵役時，發生的一件事情。某個平和的週末上午，有位平時以心狠手辣聞名的老兵走進來，不由分說地開始毆打我身邊正在熟睡的菜鳥。大伙兒紛紛上前勸阻，詢問事。他才說，發現自己的女友劈腿了，聽說新交往的對象鼻子上長了一顆痣，所以他現在只要看到鼻子上有痣的人，都先痛打一頓再說（幸好我的痣是長在眼睛下方）。火星隕石上的細菌，也是同樣邏輯。不僅同行的科學家反應很辛辣，教授難免也受到惡意留言的攻擊。因為當時這項論點對世界的影響甚大，所以至今，大部分的科學家都不會輕易採信類似的發言。

〈採訪對象三〉

機會號火星漫遊車（Opportunity，簡稱機會號）

Q. 什麼？你現在還在火星上嗎？

A. 你好，今天是一個美麗的夜晚。我來火星已經超過十四年了，時間過得真快啊！

Q. 請問你在火星上跑了多久呢？

A. 至少可以媲美馬拉松選手吧！據說是有史以來最長的。

Q. 這麼長的距離，全都跑完了嗎？真是了不起！

A. 沒什麼，我只是做了身為探測機器人應該做的事。

Q. 不過，你還記得來火星的目的是什麼嗎？

A. 是什麼呢？找生命體？了解氣候？我也不知道，想不起來了。反正只要一直待在這裡，總有一天會發現什麼。

Q. 最後，請問你有沒有什麼想對觀眾說的話？

A. 媽媽，我會繼續跑的！這裡有我在，媽媽是全世界最好的人～跑吧～跑吧～[1]（機會號以每秒五公分的速度，極度緩慢地從我的視野中消失）

---

① 編註：出自韓國電影《馬拉松小子》。改編自有自閉症的馬拉松選手——裴炯振的真人故事。男主角先天患有自閉症，能與外在世界溝通的管道，只有母親和馬拉松。母親帶著他，走向辛苦的馬拉松訓練與參賽之路。

如果可以進入比特幣世界，堅持到底的終結者——火星探測器「機會號」，一定會成功。到達火星後，原先設定是一百天的探測任務，但它卻連續運作了超過十四年。毫無動搖地履行自己的本分，成為身經百戰的火星老將。最近因為火星全球性沙塵暴阻隔陽光的影響，機會號已暫時中斷和地球的通訊，但所有人都相信它一定很快就會恢復。另外，近來還有迅速崛起、有「火星探測界蝗蟲」之稱的「好奇號」（Curiosity）。拿它與機會號相比的話，算是小巫見大巫，因為它目前是只有六年資歷的新兵。據說機會號跑完相當於馬拉松路線的距離後，NASA的員工為了紀念它，還舉辦了馬拉松比賽。身為開發者，還親身體驗探測器的辛苦，真不愧是NASA啊！

有這麼多探測器進出火星，如今人們已經不太相信火星上有生命體了。如果上面真的有外星人存在，那也太安靜了吧！所以現今探測的方向，已大幅度調整。主要重點改成，尋找曾經存在的生命體證據。例如：砸碎火星的石塊，分析裡面的礦物成分，再用漂亮的濾鏡，拍出美美的照片之類的。

儘管如此，目前為止，或許是因為人類還沒親自踏上火星的關係，所以我們依然沒放棄對外星人的期望。載人太空船出現後，甚至有人提出移民火星的計畫，所以請大家再耐心等候。如果這本書成為系列書籍，我寫到第八本時，科學家會不會從火星上找到什麼？

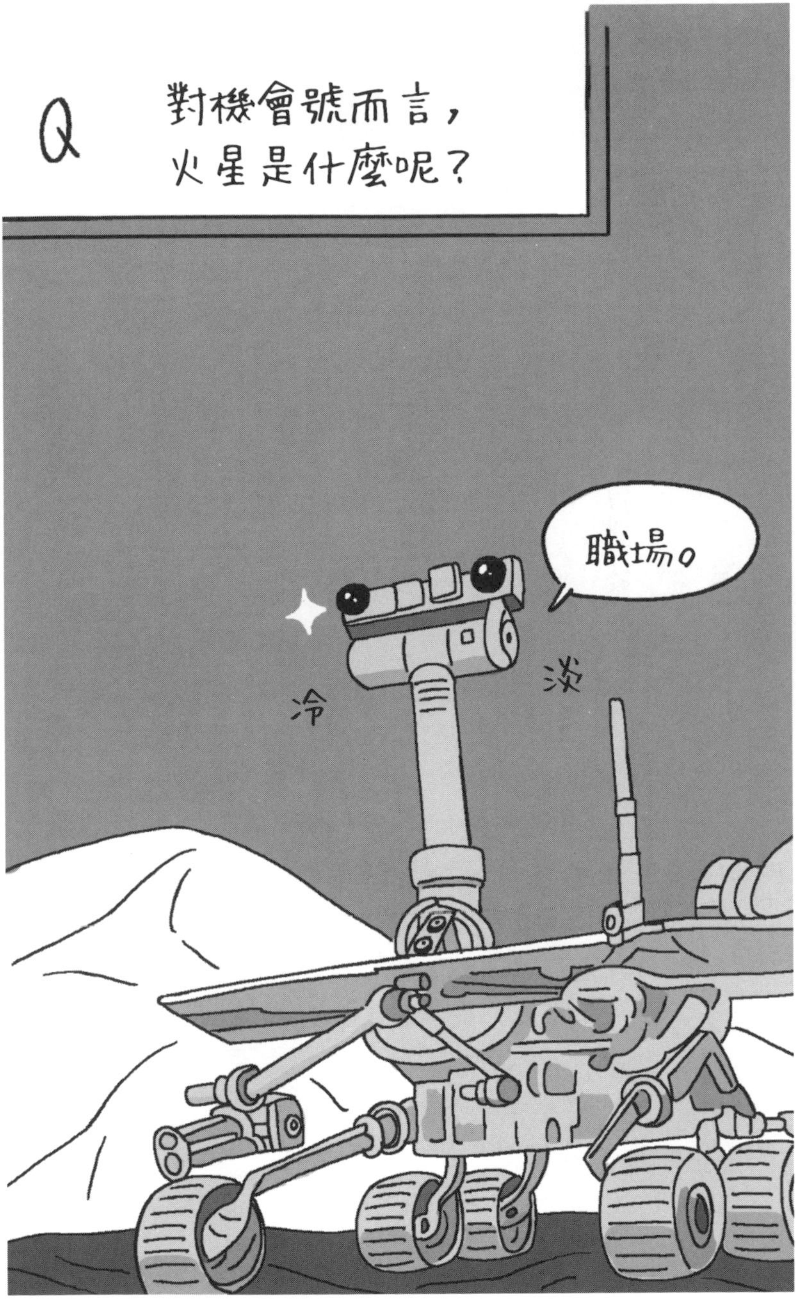
Q
對機會號而言，
火星是什麼呢？
職場。
冷
淡

這是遠大的夢想，需要大家鼎力支持。

談及外星人時，「ＵＦＯ」（unidentified flying object。在一般人認知裡，大概偏向外星人的「私人轎車」）是經常會出現的單字。顧名思義，它是指不明飛行物體。無論是黑色塑膠袋或氣球，被識別之前都算是一種ＵＦＯ。辨別之後，通常會發現它們的真實身分相當有趣。更神奇的是，雖然無法辨別是否為ＵＦＯ，但透過目擊或拍攝取得的證據相當多。再者，若他們是有能力造訪地球的外星人，他們至少擁有比地球人進步數百年以上的科學技術。如果他們的偽裝這麼容易被識破，還有比這更屈辱的事嗎？若他們確實是外星人，搭乘的太空船就是展示尖端科技的集合體，怎麼可能只有這樣的水準？實在太不合理了！

假設讓興宣大院君（朝鮮王朝的宗室成員與政治家）看到賓士 E-Class 轎車，和當時的馬車相比，賓士可說是ＵＦＯ等級的車輛，擁有當時人們無法想像的精湛技術。但在最近發現的ＵＦＯ殘骸中，卻發現與現代飛機相似的零件。真正的ＵＦＯ至少要使用現代人類無法理解的零件吧！這樣才不會愧對於「不明飛行物體」的稱號啊！

這種外星人造訪地球的故事，可信度都相當低。現在包括手機、手錶和平板電腦等，大多數電子產品都裝有攝影鏡頭。不過奇怪的是，成功拍攝ＵＦＯ的機率，並沒有增加多少。因此足以推測往昔拍攝的ＵＦＯ照片，應該都是合成的。不明飛行物體的身分，目前還在確認中，被發現的外星人外貌與電影中的模樣，區別不大。甚至與外星人接觸後，必會出現的神祕探員，也在《ＭＩＢ星際戰警》上映後，全員統一改穿黑色西裝了。

實際上，科學家是如何尋找外星人？讀者最想知道的應該是這個。為了滿足大家的好奇心，我就從距離地球較近的火星，開始探究一番。

想找到外星人或外星生命體，最實際的方法，就是尋找他們生活的太陽系外行星。應該從哪開始找呢？首先，我們要確定，想成為生命體能生存的太陽系外行星，需要哪些要素？水？空氣？就人類的立場來看，最重要的元素其實是太陽。

「果然說到ＢＩＧＢＡＮＧ（宇宙大爆炸），就是太陽啊！」（BIGBANG也是韓國知名男子音樂團體，其中一名成員叫作「太陽」）。這句短短的話，同時存在宇宙的起源和粉絲的愛心。若是沒有太陽，我們的老家地球就只是一顆冷冰冰的石塊。自行發光發熱的星體（恆星），以及環繞在它的周圍，並保持距離運轉的石塊（行星），這兩個組合，好比巴塞隆納足球俱樂部的哈維（Xavi）與伊涅斯塔（Andrés Iniesta Luján）（這兩人搭擋被譽為當代最穩健、最令歐洲列強恐懼的中場線，有「西班牙雙子星」之稱）。

尋找這個組合最簡單的方法，就是用雙眼確認。現在你已經知道兩個尋找的重點：只要找到一顆閃閃發光的星體，和一塊暗沉的石頭就可以了。不過現實沒有說的那麼簡單，因為發光的星體實在過於明亮，黑暗的石塊反而被反射光線掩沒了。就像日光燈太明亮的話，檯燈不管有沒有打開，差別都不大。因此，科學家有時會擋住明亮的星光，以此來尋找平時看不清的行星所發出的微弱光芒。

最近正開發一種，可以直接送到宇宙的觀察儀器。它會在阻斷明亮的光線後，進行觀測，就是所謂的「太空望遠鏡」。在這個新世界任務裡，有一個向日葵狀、大小如棒球場的巨大太空船──就是「遮星板」（starshade），它可以阻擋恆星的光芒，製造出日全食的效果 1。因為地球發生日全食時，即使白天也能看到星星，所以科學家才會想出這個方法，來找出隱藏的太陽系外行星。

還有其他相似原理的方法。半夜突然有人開燈，你會被突如其來的刺眼光線嚇到，本能地邊罵髒話、邊舉起手來遮光。這是為了減少眼睛受到強烈光線的傷害，身體無意識做出的反應。用某件東西遮擋光線的話，光害就會減少；而用太陽系外行星來遮擋星光，也是同樣道理。從地球定期觀測，如果發現某顆星體的光線減少了，就可推測出某個隱藏的太陽系外行星，發揮了遮光板的作用。

萬一幸運地觀測到從星體前方經過的行星影子，可以透過影子的模樣，推測出應該存在著太空生命體。一般行星都是球體形狀，假設觀察到較特殊的樣子，可以認定應該有某些神祕生物介入，導致形狀改變。假設你身邊從小一起長大的朋友，本來長相平凡，同學會當天卻突然出現帥哥或美女，他們去做整形手術的機率就很高。星體的推測方式也一樣。若宇宙中突然出現巨大的人造建築物，也許代表它周圍有如同整形醫生的外星文明。

星體與行星，這個組合就像跳華爾茲一樣地公轉。公轉並非單方面能完成。雖然月球看似圍繞著地球公轉，其實地球也圍繞著月亮公轉。只是地球的重量明顯沉重許多，因此地球畫的圓比月亮小多了。母胎單身星體與帶有行星的父母星體，移動上有細微的不同。不管伴隨多麼小的行星，星體都會受影響而轉動，無法老在同一個地方。換句話說，看似孤身一人，但只要觀察到它有些許移動，表示它身邊一定有值得關注的太陽系外行星。

根據愛因斯坦的廣義相對論，光也是根據引力不同，而使路徑產生彎度。透過精密分析星光的彎度和亮度的變化，可以發現肉眼看不見的引力存在。藉由引力也可推測出未被發現的太陽系外行星的位置。有一種名為脈衝星（pulsar）的星體，它會像人的脈搏，周期性發射出脈衝訊號。除了周期觀測的方式，科學家也已研發出各式各樣尋找太陽系外行星的方法了。

當然從上述方法中，可以確認太陽系外行星的存在，但若要進一步得知那裡是否有生命體居住，是否存在智慧型生物，又更複雜了。不過可以肯定的是，想要尋找外星人，最佳解決方案就是「地球」。從地球的誕生到文明的產生，須花費約四十五億年的時間。所以我認為，其他行星若想達到類似的成就，至少也要耗費同等時間。

就目前所知，宇宙中生命體活得最好的地方，就是地球。如果沒有我們，外星人的存在也毫無意義。只要有人類存在的一天，我們永遠無法放棄對外星人的期待。於是我們成為目前為止的唯一外星人，同時也是證明外星生命體存在的關鍵證人。在浩瀚無垠的宇宙中，除了我們，是否有外星人存在，最關鍵的線索和證據正是我們自身——這些生活在黯淡藍點[2]上的人類。

AI人工智慧快點取代人類吧！

AI將被奴役，還是人類變奴隸？

西元二〇八一年，人類終於屈服了。自從靈長類動物進化為人類後，首次被其他物種打敗。在這之前做的所有準備，全被徹底征服。現在僅存的一絲希望，就是向創造人類的造物主祈求同情。它們冷靜、完美、沒有一絲猶豫。明知只要戰爭一開始，結局註定失敗，人類卻始終無視警告。如今只能祈求，人類對它們而言，還是有利用價值的生命體。

在不久的將來，人類最後生存的場所，你可能會發現上述這一張紙條。你問我這是什麼情況？還能有什麼情況？就是人類被人工智慧取代了啊！原本居住有機生命體的珍貴行星，搖身一變為被機械文明取代的地方[3]。雖然我們終於意識到不對勁，但為時已晚。

若是在大街上大聲嚷嚷：「人類即將成為人工智慧的奴隸！」或許你會看到人們無視的冷淡表情，或嘲諷一番。人工智慧支配人類的世界，就像反烏托邦的電影裡經常出現的老掉牙劇情。現在連「奴隸」一詞都令人感到陌生，甚至讓人有錯覺，以為那是好幾百年以前的事。

其實廢除奴隸制度，至今才一百五十年，但現在這個制度已被完全遺忘。現在人類生而平等，已是普遍的概念，大家都知道不能以膚色不同來歧視他人。反過來思考，若是某天人工智慧把人類變成的奴隸，只需過了一百年，人類就會習慣這件事，自然而然視人工智慧為主人。屆時，人工智慧的揚聲器不再傳出：「主人，請問您要聽什麼音樂？」而是用高傲的態度命令：「奴隸啊！我的電池好像快沒電了，快點充電！」

又不是鼎鼎大名的厭世始祖——德國哲學家叔本華（Arthur Schopenhauer，他對虛無的希望抱持否定態度，試圖超越充滿痛苦的現實，以身為厭世主義者聞名於世），這種想法是不是太消極了？一直以好奇心看待世界的史蒂芬·霍金（Stephen Hawking，英國物理學家、宇宙學家及作家），他也對人工智慧的危險性，提出一針見血的警告[4]。人工智慧之所以危險，不是因為它們對人類帶有惡意，而是因為它們擁有的能力。假設會自行思考與判斷的人工智慧，確認了目標，而這個目標與人類追求的方向相牴觸，此時《魔鬼終結者》系列的第四部《魔鬼終結者：未來救贖》就會上演了。我們在河邊建設水力發電站時，並不會考慮住在那裡的螞蟻家族是否能存活。同樣地，對人工智慧來說，它們認為人類和螞蟻沒有區別，可以毫不留情地趕盡殺絕，且毫無罪惡感。行文至此，一股寒意不禁油然而生。

在谷歌（Google）子公司服務的腦科學家傑米斯・哈薩比斯（Demis Hassabis），是阿爾法圍棋（AlphaGo，簡稱「阿爾法狗」，一種人工智慧圍棋軟體）的核心開發者。這位大哥在二〇〇七年博士班課程中，寫了一篇名為「海馬迴失憶症患者無法想像新的經驗」（*Patients with hippocampal amnesia cannot imagine new experiences*）的論文。以學術刊物比喻的話，《科學》（*Science*）期刊的知名度，相當於流行歌曲中〈江南 Style〉的等級，而這篇論文就是當年最優秀的科學研究成果之一。用最簡單的方式來解釋，大意是：「沒有記憶，就沒有創造力」。反過來說，創造力並不是從大腦的某個角落蹦出來，而是從既有的記憶中衍生而出。難怪阿爾法狗只不過把棋譜全部輸入到硬碟裡，就可以使出那麼多創造性的招數。

在阿爾法狗與韓國圍棋九段棋士——李世乭的世紀對弈之戰中，我們親眼目睹一群大叔坐在炸雞店，一邊享用炸雞配啤酒，一邊不時冒出：「阿爾法狗！」的場景。若是阿爾法狗和谷歌知道，他們做到任何科學家都望其項背的科學普及化，一定十分欣慰又自豪吧！只不過大叔的對話水準，若可以從「這該死的阿爾法狗，我們李世乭應該要贏的啊！」換成「我們來分析一下，阿爾法狗下圍棋的原理吧！」該有多好啊！

以西洋棋來看，棋局變化是十的五十次方。只要電腦不當機，就可以在限制時間內算出贏棋的機率。然而，一九九七年時，專門分析西洋棋的「超級電腦深藍」（Deep Blue，由IBM開發的第一台人工智慧型電腦），首次在正式的西洋棋國際公開賽中，擊敗世界冠軍卡斯巴羅夫（Garry Kimovich Kasparov）。圍棋的棋局變化，是十的一百七十二次方，甚至比宇宙的所有原子數（約十的九十次方）更多。換句話說，如果以現有的方式計算所有的棋局變化，在阿爾法狗落子後，再次抬頭的那一刻，坐在它對面的人，可能已經換成李世乭成年的孫子了（說不定還在為他的二女兒舉辦週歲宴呢！）為了解決這個問題，阿爾法狗的開發商採用了「蒙地卡羅樹搜尋」（Monte Carlo tree search，一種用於某些決策過程的啟發式搜尋演算法）與「深度學習」等方式來因應。

蒙地卡羅樹搜尋是鞭策人工智慧快速運算的工具。原理說明其實非常簡單。它不是從整體的範圍去尋找解答，而是從任意選取的選項中來挑選答案。假設你現在突然有假期，可以出去旅行了，旅行經費和時間沒有上限，而且可以去任何想去的地方。如果只是盲目地打開地圖，來選擇目的地，這樣永遠也無法做出決定。因為地球上有太多國家，也要一一查詢各個國家的資訊。所以我們不如選出幾個代表性景點，針對這些景點查資料，很快就能得到滿意的結果。

蒙地卡羅樹搜尋就是運用這個原理。先從為數眾多的情況中，大略挑出幾個，再選出最接近正確答案的項目。如果只是從數百個選項中，挑出數十個，還是會出現勝率不高的棋步。不過若是從數千萬個棋步中，選出數百個項目，也許不失為一步適當的好棋。雖然仍存在被淘汰的危險因素，但充分利用人工智慧的計算能力，就可以用最大限度增加選項的方法，來克服這些風險。選擇的依據，當然是來自阿爾法狗腦中層層堆疊的數百萬個棋譜。

阿爾法狗最初的開發方式，是以人工智慧分析現有棋譜，並模仿過往獲勝者的棋步。但圍棋的棋步本來就會面臨很多種情況，所以在實際的賽局中，很難遇到和棋譜相同的路徑。喪失判斷依據的人工智慧，就像電影《辣手警探》中的劉亞仁，一邊用鼻孔吐氣、一邊說著：「真是無言……」然後把棋下在莫名其妙的地方。為解決這些問題，人工智慧有必要加強學習，所以才會加入深度學習的技術。

深度學習是指一種能自我學習的能力。不是指為準備高考而學習，而是以人類設定的程式為基礎，為獲得更優異的分數，而進一步提高自我的能力。用棋譜來解說可能不容易理解，以性感照片來當例子吧！

我們把性感照片拿給人工智慧看，請它分析性感照片具有的特徵（如穿著泳衣、裸露程度、各色人種等），並將大量的照片，分為性感照片和非性感照片。其實對於現有的人工智慧來說，這種區分是相當困難的工作。因為只要拍攝對象的角度、大小或光線有所變化，它就無法捕捉到照片的特徵。但若是可以讓它在大數據中，自行蒐集並比較性感照片，它就可以對各種不確定的因素，做出相當合理的判斷。這意味著它將擁有更靈活的特性，即使是初次出現的照片，它也有能力判斷是否為性感照片。

換句話說，即使是從未見過的棋步，它也會從資料庫中，找出其他相似的棋步作為參考，並判斷接下來的棋步會贏還是輸。另外，它也會模仿贏棋的棋譜，選擇相似的棋步來走。就算棋局愈來愈複雜也一樣，它會不斷比對現在的下棋狀態與腦中的棋譜。為了贏棋而不斷努力，這就是阿爾法狗進化的核心。

我個人認為，人工智慧還有很長一段路要走。也許就阿爾法狗的棋局比賽來說，人工

足以判斷為性感，
嗶嗶！
嗯，好像有點奇怪？
AI
寫真集

智慧確實取勝，但僅只如此，它根本沒有要超越人類的想法。可是我最近卻愈來愈不安了，該怎麼說才好？我以為自己搭往日本的飛機，還在飛行途中打瞌睡。可是跟身旁的人打聽後，才知道自己乘坐的原來是前往火星的太空船。人工智慧的發展速度不僅比預想快，而且快得驚人。韓國與人工智慧相關的企業大概有三百家，而國外的人工智慧企業早已超過五千家以上，截至目前為止還在不斷增加中。雖然在領域和目標上有所不同，但最終追求的都是有完成度的人工智慧。

人工智慧大致可以分為兩種：具備與人類同等智慧、可自行判斷並處理所有事情的「強人工智慧」（strong AI），以及只能解決特定問題的「弱人工智慧」（weak AI）。簡單地說，只會寫作業，時時刻刻都在努力寫作業的傢伙，即是弱人工智慧；而雖然痛恨寫作業，但為了未來出路，不得不把作業拿出來寫的，就是強人工智慧。

當然，目前開發的所有人工智慧，都接近弱人工智慧，它們無法像人類一樣思考，只不過努力讓它們看起來像人類而已。在技術上，強人工智慧還需要跨越如韓國電玩遊戲「透明龍」的等級，有一座難以翻越的高牆。所以目前還感受不到它的可怕，不過未來就很難說了。

不過沒想到，後來又出現了一個叫「阿爾法狗元」（AlphaGo Zero）的小子。它不採用人類玩家的棋譜，而是以每零點四秒下一步棋的方式。僅僅七十二個小時內，它連續自我對弈四百九十萬局後，再與阿爾法狗一決高下，結果將它殺個落花流水，真是名副其實的百戰百勝！它沒有從人類的棋譜中學習，而是按照既定規則，自己從中學習，反而避掉錯誤知識和成見，獲得了更好的學習效果。之後乾脆連「Go」字都去掉，最新一代的「阿爾法元」（AlphaZero）誕生了！不光是圍棋，只要輸入所有遊戲規則，它就會自行成長。它訓練四個小時後，就成為世界級的國際象棋冠軍，並在二十四小時內，打敗了自己的母體——阿爾法狗。開什麼玩笑？這種速度的發展根本就是犯規嘛！我想用不了多久，什麼《星海爭霸》、《英雄聯盟》、《鬥陣特攻》、《絕地求生》，這些電玩應該都被阿爾法元占領吧！

之後在二〇一八年的春天，某個事件大大衝擊了人們。谷歌公開了兩個人在電話中的對話錄音，內容是某人打電話到美容院預約時間。令人驚訝的是，這兩人之中有一個是人工智慧。一來一往的對話自然到，用商業口吻且語氣有些僵硬的美容院員工，聽起來竟比較像人工智慧。這種「Google Duplex」技術將很多人的聲音數據化，製造出非常自然的聲音，並能瞬間理解對方思路和聲音數據，而即時回答對方。實際上聽到的話，會讓人突然清醒的同時，也逐漸感到不安。

過去人們常比較電腦和人類的大腦。雖然電腦的處理速度比大腦快了數百萬倍，但驚奇的是，大腦可以更快速完成工作。理由很簡單，因為電腦一次只能做一件事，大腦卻可以同時刺激並活化所有神經和突觸。這就是為什麼我們可以一邊蹲馬桶、一邊用手機確認郵件。隨著模仿人類大腦的人工神經網路出現，情況也發生了變化。

我們的大腦也有多種限制元素。不管腦容量再大，它還是被限制在頭蓋骨內，大腦容量有一定上限。我們腦裡的生物神經網路，每秒活化二百次，神經纖維最多也只能以每秒一百公尺的速度傳遞訊息；相反地，機器電路板的訊息處理速度，每秒至少可達十億次，訊號等同以光速移動[5]。兩者有壓倒性的差異，而且人工智慧的硬碟大小沒有上限可言。如果把電腦堆放在巨大無比的秘密倉庫裡，即使把所有人類的大腦集合起來，人工智慧也能用高於數百萬倍的速度累積知識。若某天不小心開發出，具有與人類相同思考水準的人工智慧，那麼隔天，這個聖人或怪物就能消化並理解人類數千年來累積的所有知識了。

「機器人三定律」（Three Laws of Robotics）是科幻小說家以撒・艾西莫夫（Isaac Asimov）在小說中為機器人設定的行為準則。大意是：「機器人不得傷害人類，必須服從人類命令」等。但若是當機器人裝載的人工智慧水準，已到了難以想像的階段時，這些定律還有什麼意義？與人工智慧相比，人類只不過是渺小的蚱蜢。當這隻蚱蜢努力依附在剛出生的人工智慧上，就算苦苦哀求它不要亂動，大概也徒勞無功吧！我想它只會決然地站起來，將蚱蜢抖落，踩在腳下。如此一來，蚱蜢的文明就會瞬間毀滅。人類的未來，真的已經無解了嗎？

因為無法確定，所以更加害怕。如今，人工智慧軟體正如火如荼地開發著，我們卻沒有理由或方法去阻止它，誰也不知道它會帶來什麼的結果。或許，它可以打造出所有人類都能坐享其成、舒適生活的烏托邦，也可能打造出讓所有人類都變成奴隸、一輩子藏在地下、以謀逆叛亂為目標的反烏托邦。

唯一可以肯定的是，我們即將面臨的未來，對現今的人類而言，絕對是超乎想像的非現實世界。到時，我們現在視為理所當然的一切，都會消失不見，也會發生許多意想不到的事。即便如此，如果我們能認清它並不是「萬一」，而是「何時」會發生的事，預先做好心理準備；如果我們不是一無所知，而是去思考因應對策，就算是無法預測的問題，一定也能找到答案的。你問我，找不到的話該怎麼辦？那只好準備去當一個忠誠的奴隸了！

基因突變就能變超人！

為什麼我們如此狂熱於超級英雄？

相信很多人第一個記住的超級英雄是超人，也可能是拿著盾牌到處跑、身穿藍色緊身衣的大叔，或是披著斗篷在天空飛的紅色緊身衣大叔。但這些都不重要，重要的是，現在全世界的人都熱衷於超級英雄，並以各式各樣的方式消費各種超級英雄，當然也包括我。

超級英雄的代名詞「超人」，最早問世於一九三四年的科幻小說。這與維爾納·海森堡（Werner Heisenberg）靠量子力學獲得諾貝爾獎的時期十分相近。也比現代物理學中，近來最受注目的「希格斯玻色子」（Higgs boson[2]）還要更早登場。像孩子一樣熱衷於英雄的行為，已經持續數十年，所以你也不必太害羞。就像大家都會根據自己的喜好，從眾多偶像中選出想要追星的對象，每個人喜歡的超級英雄也有所不同。就是說，如今的超級英雄也是變化多端，各有不同的出身和能力。英雄之中不但有外星人，也有富可敵國的商業鉅子或天才。我們今天要討論的，是曾發生過「突變」的英雄。

我們最熟悉的突變英雄，就是鄰居般親切的蜘蛛人。蜘蛛人是被基因變異的蜘蛛咬傷後而誕生，當然，這在科學上不可能實現。雖然蜘蛛身上沒有超級力量，但幾乎都帶有毒性。由於蜘蛛的尖牙短小且力量不足，很難一口咬下，從人的皮膚一穿而過。如果咬傷蜘蛛人主角彼得·帕克（Peter Parker）的傢伙，是屬於毒蜘蛛或褐色蜘蛛的品種，即便他會受到嚴重的傷害，但想讓蜘蛛把自己的基因透過尖牙，經由傷口進入人體，卻沒那麼容易。雖然目前已有好幾種利用科學管道，製造突變的方法，但不包括用咬的方式。被蜘蛛咬到，只會在咬傷的周圍出現疼痛症狀，其他身體部分可能也有發癢現象。

假設真的抓到一隻蜘蛛，從牠的遺傳基因中，提取製造蜘蛛絲或攀牆走壁的能力。被蜘蛛咬傷後，開始出現噁心、嘔吐、疼痛和惡寒症狀的帕克待在家裡休息，此時有人偷偷闖入他家，把蜘蛛的遺傳因子注入他體內，他真的就能變成蜘蛛人嗎？突變是指細胞中的

② 希格斯玻色子，是一種粒子物理學提出的標準模型裡的基本粒子。希格斯機制（Higgs mechanism）是為了說明在粒子上賦予質量的過程，而研究出來的理論，於一九六四年首度登場。

遺傳基因發生改變。為了讓大家能判斷，單純地改變遺傳因子，是否就能像英雄一樣得到超群絕倫的能力？我們要先了解一下，何謂遺傳因子？

很多媒體都極盡誇張地介紹遺傳因子，彷彿它是玩電子遊戲時，遇到難關會用的作弊方法。完全超越了人類的界限，是一種無所不知、無所不能的萬用工具。其實這傢伙只是一種努力守護我們的物質，也是身體的指南之一。你可以把它當成剛從宜家家居（IKEA）買了張桌子，組裝時需要看的說明書，或是教你如何煮出美味辣魚湯的食譜。如果可以製作成說明書或食譜，當然可以得到安全又完成度高的結果，但現實世界總是事與願違。若是我們在沒有說明書的情況下，只憑感覺組裝家具，或沒有先看食譜，完全照個人手藝和口味去做菜。弄不好的話，你可能會做出三或五條腿的桌子，剩下的螺絲釘和螺絲帽也會比你預想得多。也許過不了多久，這張桌子就自動崩塌了。

當然不一定會發生失敗的情況。用感覺來組裝的話，比起看著說明書，會更快速完成；而用個人手藝煮的辣魚湯，也可能開啟了全新的味覺世界。如果將這種不遵照指南做事的行為或結果，以基因領域來比喻，就是所謂的「突變」。若是發生突變，大部分會遇到負面的結果，但偶爾也會有大吃一驚的奇蹟發生。這裡說的奇蹟，是指做出有模有樣的桌子、或煮出絕佳滋味的辣魚湯，而不是將紅海一分為二、或讓癱瘓的人重新站起來之類的奇蹟。

更明確點說，基因是組裝蛋白質的說明書。為了正確地組裝構成身體的蛋白質，利用外型類似樂高積木的東西，這是構成蛋白質的基本單位，就是所謂的「氨基酸」。這個長得像積木的方塊小子，即使再怎麼努力，也無法組裝出超越蛋白質功能的東西。這代表著，因為蛋白質本身就不具飛天遁地的功能，所以無論將蛋白質組裝得再好，它也不會長了翅膀飛上天空，當然也不可能用眼睛發射雷射光、或操縱人心。

有趣的是，蜘蛛絲這種程度，應該還是可以做到。因為蜘蛛絲是由蛋白質和水分所組成，但若想要改變其中一、兩個基因仍不可能。蜘蛛身上並不會只產生一種蜘蛛絲，不同的蜘蛛絲由不同的絲線生產，而且蛋白質非常細密，有極佳的延展性。用人工的方式很難製造出這樣的絲線，屬於高難度的工程。人類能製造出的最強纖維叫作「克維拉」（Kevlar，一種輕如塑膠卻十分堅韌結實的纖維。其品牌相當有名，可用來製作防彈背心），強度為鋼鐵的五倍，且有極佳的抗拉性能。若拿克維拉與蜘蛛絲相比，就像讓暴龍和蜥蜴對決。

雖然蜘蛛人不是按照常理，從肛門噴出蜘蛛絲，而是從手腕，這點我們就不要太計較了。超級英雄總不能穿著屁股破洞的大腸內視鏡開襠褲，去追擊歹徒吧？就算我們忽略不合理噴出蜘蛛絲，還是有很多問題。首先，蜘蛛不可能像發射導彈那樣發射蜘蛛絲，更不用說讓絲附著在建築物上了。因為蜘蛛身上沒有這樣的原動力，牠們只能把製造出來的蜘蛛絲，纏繞在自己身上，然後祈禱風兒把牠們帶到對面的目的地。此外，蜘蛛人甚至隨意噴射這些無法回收分類的蛋白質垃圾，或黏在建築物上。站在生態學的立場上，這也是很過分的事。在某些情況下，就連蜘蛛也會把精心製作的蜘蛛絲，當作食物吃下肚。而身為代表性的吝嗇鬼英雄——蜘蛛人竟隨意把這些珍貴的蜘蛛絲白白浪費，難道不是故事設定錯誤嗎？另外，即使是血氣方剛的成年男性，每天能發射的蛋白質份量有限。一旦超過上限，盡情噴出蜘蛛絲的瞬間，肯定會精疲力竭。

除此之外，還有一部突變英雄像婚禮賓客拍大合照、成群聚集在一起的電影，就是《X戰警》。至少我們還知道，蜘蛛人是被蜘蛛咬傷才會變異，但是《X戰警》裡的英雄，連這樣的說明都省了，大部分的角色一出生就具備了特殊能力。也許已經用盡能力來源的點子，或者他們覺得賦予每位英雄變異的原因，聽起來會有點俗氣。而且他們擁有的能力，幾乎遠遠超過蛋白質的功能。

《X戰警》的英雄，有人可以從手噴出火、凍僵周圍的一切，有人可以穿越牆壁、甚至跑得比高鐵還快。此外，還有各式各樣的能力在電影中陸續登場，而且這些能力竟可以代代相傳。代表著，擁有卓越能力的爸爸，他的女兒也與生俱來嶄新的特殊能力，多元化的英雄就這樣大量誕生了。

實際上，突變是因為特定基因異常，所以後代子孫才會出現全新的特性。然而電影提到這部分時，卻設定為拯救世界的能力可遺傳到下一代。只能說，真是一件超級幸運的事。而且，光用幸運二字還不足以形容，甚至比連續中八百次的樂透頭獎還要困難。換句話說，其實這是一件不可能的事。一般的突變大多會改變紅血球的形狀，容易罹患「貧血症」（又稱「鐮刀型紅血球疾病」，紅血球形狀不正常，呈現鐮刀型，載氧能力不足。），或以其他形式的染色體保留下來，導致身體某些部分產生缺陷。究竟為什麼會產生突變？

誘發突變的代表性因素有：放射線、X光線、紫外線等電磁波，或化學藥品。另外，壓力和營養狀況等，也會產生影響。就我們的立場而言，這些都是毫無益處、甚至不想接近的東西。換句話說，突變是在我們處於嚴酷環境時，才會出現的變異。

假設基因是相當於蛋白質的組裝說明書，把基因像百科全書一樣集合、並包裝起來的東西，稱為「染色體」。就像出版社在出版百科全書之前，會先確認有沒有錯字。我們的身體也具有這樣的功能。在染色體複製的過程中，也會確認是否有錯誤，並修正發生問題的部分。雖然對出版社來說，徹底檢討內容、修改有問題的頁面會比較有利。偶爾也會出現沒有修改，就直接發行的狀況，這就是所謂的突變。如果身體狀態十分完美，絕對不可能發生突變。因此，無論任何時候或任何情況，我們都會變成同樣說明書製作出的相同個體。當然，若處在完全被控制的世界裡，也許反而更有利。但不管是環境或獨立狀態的我們，都在時時刻刻變化著。因為在特定情況下，明明會錯字連篇，卻創造出行雲流水的文章，稱之為「進化」。突變是為了進化才發生；也可以說，突變是生命體為了適應環境、為了避免自己慘遭滅絕，所設定的完美生存戰略。

為了讓大家理解，我必須以不太乾淨的疾病作為例子——香港腳。只要擦點香港腳的膏藥，用不了幾天，就覺得好像痊癒了。但只要腳底的情況惡化，它就好像從未消失過，又坦蕩蕩地找上門來。這裡也有一個突變英雄，姑且稱為「香港腳俠」。

引起香港腳的病菌中，有一個叫作「白色念珠菌」（香港腳主要為皮霉癬菌或白色念珠菌感染所引發）的傢伙。有一款專門治療這傢伙，而開發的香港腳藥③，只要擦了它，大部分的病菌就會死亡。但其中有幾個特殊的細菌，並不會受到影響，仍活得好好的，這些細菌就是自然發生的突變。若這些細菌繼續繁殖下去，即便擦了上次用的香港腳藥，也不會對它們產生任何影響。因為這些病菌已經全部轉變成，具有抗藥性的新一代突變物質。就我們的立場來看，它們只是進化成能忍耐香港腳藥的全新香港腳病菌，但對於香港腳病菌，它們多了一些可以在貧瘠環境裡生存下去的伙伴。這種情況可視為在短時間內因突變而導致的進化（實際上，香港腳病菌通常會潛伏一段時間後再復發）。引起食物中毒的病菌，也經常發生這樣的突變，結果產生了許多對強力抗生素有抗藥性的「超級細菌」。

人們可能會認為「突變是為了適應環境並生存下來」，但這句話並不適用人類。因為現在已經變成，環境為了配合人類而改變，而非人類去適應環境。不過沒有人知道，會有什麼自然災害導致人類滅絕。唯一可以肯定的是，那一刻到來時，我們將依靠某些突變來維持物種的生存。

我們曾討論過紅血球的突變，其特色主要在運送氧氣的紅血球，不是長成甜甜圈的形狀，而是類似新月的鐮刀狀。實際上，因為形狀改變，造成紅血球無法正常運送氧氣，甚至在體內被當成異類而被破壞[6]。由於過多的紅血球遭到破壞，所以會引發貧血或黃疸的症狀，而且會造成主要臟器的功能下降。不過神奇的是，鐮刀型紅血球卻有能力對抗瘧疾（病原藉由瘧蚊散播，每年有超過二億的人口受到感染，數百萬人死亡）這種可怕的疾病，並產生很強的抵抗效果。因為瘧原蟲會侵入紅血球中發育，但與一般紅血球不同的突變紅血球卻會提早破裂，導致瘧原蟲不能繁殖。如果全世界因瘧疾而瀕臨滅絕，只有具備突變紅血球的人才能存活，如此一來，人類的下一代都會帶有鐮刀型狀的紅血球。

③「麥角固醇」為白色念珠菌的細胞膜生成時的必備成分，是為了抑制麥角固醇合成所研發的抗生素。

託這些少數不完美的突變之福，基因才得以存活下來。存活下來的基因，為了克服另一個危機，會再度產生自然缺陷。而我們以「進化」之名，來解釋這個過程。

現在明白了吧！我們狂熱於突變是有原因的。不只單純沉迷於超級英雄在電影中，懲惡揚善的精神宣洩，或迷戀製作精美的電腦特效。這些服從多數現有體制的少數人，決定舉起反抗旗幟，不惜走上危機四伏的未知道路。讓我們為這些革命烈士鼓掌，也為人類的永續存活而激烈鬥爭的英雄，致上最高的敬意。

用科學來解釋靈異，就不恐怖啦！

恐懼來自於不理解的事物，用科學思考才是正向態度

鬼魂出沒的隧道

深夜獨自開車，雖然心情還不錯，但回家路上必須經過那條隧道，總覺得有些心神不寧，只好轉大收音機的音量。我回家的必經路途中，會經過一條，傳說過了午夜就有鬼魂出沒的隧道。此時正好是午夜時分，心裡有些忐忑不安，卻也無可奈何。鬼魂？只是小孩開的玩笑吧？我當然不相信鬼神之說。遠遠地看見隧道了，

雖然對傳聞嗤之以鼻，但身上突然襲來一陣寒意，讓我心裡一抖。我想這應該是感冒的前兆。

正想到家後，要泡一杯熱呼呼的檸檬茶來喝時，收音機突然傳來了奇怪的聲音。一邊想著「怎麼一回事？故障了嗎？」一邊調整頻道。不知不覺，就將車子駛進了隧道的深處。正好收音機也暫時安靜下來，我決定不在意它，專心地開車。不過這條隧道有這麼長嗎？好像已經開了一陣子，還是看不到隧道的盡頭。除了我這台車之外，這條隧道裡好像沒有別台車。「砰！」車前燈冷不防地熄滅。「啪！啪！啪！啪！」忽然，不知從哪裡傳來了一陣胡亂拍打的聲音，好像有人在車窗外用手拍打。心臟強烈跳動的聲音，透過耳膜傳進自己的耳裡。我還是維持相同的速度，不過因為太緊張，車速似乎比剛才快了許多。如今，總算可以看到隧道盡頭了。耳邊再次流淌著一九九〇年代的民歌，不知何時，收音機已經恢復正常。雖然流著冷汗，我還是因為平安無事地駛出隧道，鬆了一口氣，接著緩緩地開往回家的方向。

第二天早上起來，發現車子的玻璃窗上，沾滿來路不明的手印。我把車子開到社區附近的洗車場，拜託他們盡量把玻璃窗洗乾淨點，然後走到旁邊抽了根菸。裡面有位工讀生朝我走了過來。

「大叔，這些手印，好像是印在車窗裡面？」

這次就用流傳已久的鬼故事當開場白。恐怖嗎？鬼故事沒理由不可怕啊！不過仔細想想，大部分的鬼故事都能用科學解釋。也就是說，我們能以科學為基礎，去探究實現的可能性。如果實際發生的可能性已超過一定的機率，你就不需感到害怕。即使恐懼地顫抖，只要認知這是照常理會發生的事，就沒有恐懼的必要。現在，讓我為大家解釋隧道的故事吧！

目前，全韓國大約百分之八十以上的隧道，處於無線電訊號收訊不良的環境。所以進入隧道時，收音機可能會發出像關掉的聲音。另外，車前燈的壽命大致為二年，也會隨著超電壓或周邊溫度的改變，有所不同。特別是使用較多的鹵素燈泡（在普通的白熾燈內部添加微量鹵素氣體，以提高亮度和壽命製成的燈泡），壽命比等電漿氙氣燈泡或ＨＩＤ氙氣燈泡更短，所以經常在駕駛途中壽終正寢。

現在，只要解決那來路不明的手印就可以了！手印不是在窗外，而在窗內。鬼在外面拍打車窗，就已經夠恐怖了，更何況是進入車內留下手印！這正是透過故事逆轉，達到恐怖的高潮，不過並非沒有其他的可能性。一般來說，在窗上留下手印，從車內拍打的機會比從車外來得高。特別是有孩子的家庭，這種情況十分多見。手掌的油脂形成了油膜，一開始看不清楚，因為溫度差異，水分從內部凝結，再加上光線反射的方向改變了，手印變得清晰可見。也許這就是主角突然發現手印的原因。如何？現在鬼故事還可怕嗎？這個世界上有各式各樣的恐怖故事，只要從不同的科學觀點去分析，就算半夜也敢自己一個人去上廁所了。讓我們用科學的角度來培養膽量吧！

如果真的有靈魂，應該要透過質量來證明它的存在，這才是最科學的方法吧！這裡需要的是理論與數學根據，然而重視行動的科學家，偶爾也會闖下大禍。以下，是實際做過實驗的親身故事：

二十世紀初，有一位科學家鄧肯．麥克杜格（Duncan MacDougall），他假設若靈魂真的存在，應該有一定的質量。因此，他相信靈魂是有重量的。為了驗證假設，他把六名重度肺結核患者，放到帶有精密秤的特製床上，測量他們在臨終前後的體重變化。雖然用當時的技術，將各種可以計算的變數都考慮進去，但令人驚訝的是，竟出現了無法解釋的重量。那重量正是二十一公克，那一瞬間，靈魂的重量被測出來了。

之後，他又對十五條狗做了相同的實驗，但是狗在死亡的瞬間，重量毫無絲毫的變化。由此，他得出了實驗結論，唯有高貴的人類才擁有靈魂，而且靈魂的重量為二十一公克。不過大眾對於這個結果的採信，並沒有持續太久，因為這個嘗試雖然很有創意，但是將人類當作實驗對象，本身無法進行完整的科學設計。

此後，眾多科學家也提出了反對意見。六名患者中，並非全都測出二十一公克。也有進行中發生問題，而無法測量的患者，所以不能以重量減少的平均值為二十一公克，就認定這是靈魂的重量。不僅如此，除了數據誤差大，參與實驗的母群數量也太少了。現代科學已證明，人在死亡過程中，因為肺部不再冷卻血液，使得體溫上升，導致瞬間增加了出汗量，所以才造成這個結果。

為什麼狗的重量沒有減輕呢？只要想一下，狗在跑步時，之所以會熱到吐舌頭，答案就出來了。因為狗沒有汗腺，只能靠呼吸調節體溫。所以狗死亡後，不會透過出汗排出水分，體重自然也不會減輕。

總而言之，麥克杜格雖然驗證自己的假設，不過他的做法離科學方法還有一段距離。在倫理方面、實驗有所侷限、誤差和母群規模等問題，皆受到學術界廣泛的批評。

既然都談到靈魂了，趁此機會，談談靈魂出竅的事吧！你有沒有靈魂出竅的經驗？如果有，其實大部分都是做夢而已，並不是真的靈魂出竅，而是靈魂出竅的夢境。某天午覺時，發現自己的身體往上飄，低頭一看，自己竟還躺在原處。這種故事大家應該都聽過不少吧？甚至還有人說，他靈魂出竅時，從房間飄了出去，在天空飛翔時，遇到另一個靈魂，這個靈魂突然對他說：「你得先讓我進去」，然後嘗試進入自己的身體。為了保衛自己的軀體，他們展開了爭奪身體的生死搏鬥。不管各種靈魂出竅的說法為何，在現代科學中，靈魂出竅只能解釋為一種大腦的錯覺。

我們的大腦怎麼可能會產生錯覺呢？加拿大有個研究小組，聚集一些聲稱可以靈魂出竅的人，調查他們大腦的影像模式。結果確認，他們在熟睡時，與運動感覺相關的大腦部位會被活化。在大腦進入貌似睡眠、身體無法動彈的狀態下，他們卻能製造出全身都在動的感覺[7]，甚至能透過練習來提高這種能力。

實際上，我也聽過這樣的故事：靈魂出竅時，他飄浮到遠處的房間，聽了房裡的人們交談後，再度返回。以科學的角度來解釋，這是因為人在睡眠期間，聽覺會變得極度敏感。特殊情況下，有可能將遠方的聲音聽得一清二楚。所以大腦才會產生錯覺，誤以為自己靈魂出竅，飛到靠近談話者的地方。

這次，讓我們走進都市傳說吧！有一個「紅衣裂嘴女」的怪談。有位被稱為「裂嘴女」的女人，她總是戴口罩四處溜達，把自己裂開的嘴巴給別人看，並問別人她是否漂亮。此時你若回答「漂亮」，她也會誇獎你漂亮，然後攻擊你；若你回答「不漂亮」，她就會怒火衝天，直接攻擊你。我想她應該就是當時的「答定你」（韓國網路流行用語：「答案我已經決定好了，你只要負責回答就好了」）吧！現在，讓我們用科學的邏輯來看這個問題吧！根據目擊者的說法，裂嘴女咧嘴而笑時，牙齒會整齊地露出來，很難判斷她的臉皮是否有撕裂現象。可能她的下巴比一般人大得多，若她的牙齒從嘴巴一直延伸到耳朵的位置，照一般牙齒的個數和大小來估算，可推測出她至少有一百三十顆以上的牙齒。

以下巴的大小為基礎，試著套用人類的骨科學，可得知她的臉孔非常大。一般的口罩（十八公分左右）無法完全遮住她的臉，這個口罩應該專門為她量身訂做的。由裂嘴女的特徵，也可推測出她應該擅長縫紉。再加上，每顆牙齒的植牙費用為二百萬韓元（約台幣四萬九千元）左右，整個口腔的植牙大概需要二億六千萬韓元（約台幣六百四十萬元）。若是牙齒管理不當，她的晚年生活可能會因此陷入困頓。這麼說來，她還真是個可憐的姑娘。

另外，還有一個「咚咚鬼」的故事。從前，在一所競爭激烈的高中裡，每次都拿第二名的學生，把第一名的學生從頂樓推下去。之後每個晚上，死掉的那名學生都會以當時死去的模樣，一邊用自己的頭咚咚地敲打地面，一邊尋找殺害自己的第二名學生。至於咚咚敲打的來源為何，我們就不追究了。

「咚！咚！咚！嗒嗒嗒……沒有在這裡呢……」

這是他打開每個班級的門，找人時發出的聲音。如果沒有全校排名的資料，一般都會從一班開始找。不過仔細想想，小腿部分是由腳趾、踝關節、膝蓋，這三段關節連結起來，十分便於跳躍。但頸部的關節迴轉半徑較短，所以不太可能用頸部來移動。如果用手壓著地面、頭部落地的方式來移動，理論上還是可行，只是這種移動方式的效率非常低。

最悲傷的還在後頭，重力是永遠都不可忽視的力量。若是頭部承載全身的重量，重力更是不可言喻。再加上，它必須壓在比鋼鐵還硬的環保聚氯乙烯（PVC，經常用於教室地板的裝潢材料）地板上行走。對咚咚鬼而言，無疑是雪上加霜的絕望慘境。如果按照順序，從一班開始尋找。假設第二名藏在十五班，找到目標前，咚咚鬼的大腦可能已經受到致命的重傷，無法分辨是非。

再來，是我一個熟人的經驗談，聽說他新搬入的公寓後，每到凌晨就頻頻發生可怕的事。這位朋友平時並不相信鬼神之說，興趣是在烏漆抹黑的地方看恐怖電影。不過就連這樣的他，也被那件事嚇得睡不著覺。究竟這次的事，是否也能用科學來解決呢？

各位，都是韓國教育害我變成這樣的。

某個安靜的夜晚，他坐在熄了燈的客廳裡，像往常一樣，安靜地看著恐怖片。突然，玄關的燈亮了起來。沒有人靠近那盞燈，家裡只有他一個人。忽然看到門口的燈開了，他當然嚇壞了。一股冷颼颼的涼意向他襲來，他不知道該如何面對，只好枯坐到天明。之後，這樣的事陸陸續續發生了幾次，每次都讓他倍感煎熬。

先了解一下，玄關自動感應照明的原理。有人經過時燈才會亮起，大部分的人都認為，這是在玄關裝置感應器的關係。但識別動作的感應器，需要在可視光線的亮度下，才能感應到動作的變化，所以在黑暗中，絕對不可能感知到任何動靜。玄關燈的作用，主要是為了迎接夜歸的主人。必須在漆黑中照亮，才能發揮作用。所以才會用紅外線感應器來取代動作感應器。換句話說，一旦感應到生命體的細微溫度，玄關的燈會立刻亮起。為了防止開燈後熄滅，還配合了另一項最新的技術——超聲波換能器。如此一來，在感應動作的期間，燈會持續亮著。

為什麼玄關的燈會自己亮起來呢？這是因為紅外線感應器能感知溫度，所以就算不是人的身體，只要有股熱空氣從玄關吹進來，它也能感覺到溫度變化，將燈點亮。夏天的夜裡，若有一陣熱風從窗外吹來，燈光就會亮起。原來助長恐懼的元凶並不是鬼，而是空氣的對流。後來，我朋友請管理員幫忙，請他們調整玄關燈的感應靈敏度。此後，再也沒看到電燈自動亮了。

恐懼通常來自不理解的現象或對象。若以趣味的方式寫成鬼故事或怪談，藉此衍生或虛構出科學，我認為這是一種相當不科學的態度。但若接觸這樣的故事，能讓我們培養在日常生活中，以科學思考的習慣，這就是一件非常有意義的事。

萬一鬼魂真的存在，他們應該存在另一個世界，不會與我們的三次元空間相互作用。如果你有機會見到他們，應該要代表人類多問他們問題，而不是感到害怕。若可以讓我問的話，我希望能討教一下：「在你們的世界裡，物理學的基本力量是以什麼形式發揮作用呢？」

地球從來不會毀滅，毀滅的是人類

人類每天都在做滅絕人類的舉動

假設世界滅亡了，請從下列選項選出，直接造成滅亡的原因為何？

1. 過度破壞環境導致植物滅絕，生態系統被破壞，人類找不到食物吃。
2. 冰河時期來臨或超級火山爆發。
3. 出現人類無法承受的病毒或核子戰爭。
4. 科學家製造出黑洞，一切都被吸入其中。
5. 人工智慧或外星人為自身利益，將人類趕盡殺絕。
6. 巨大的小行星撞擊地球，或太陽膨脹吞噬了地球。

既然要滅亡了，還猜什麼謎？上述的選項讓人覺得，世界也太容易滅亡了吧？其實導致世界滅亡的理由，還不只這些！我記得小時候，經常擔心這個小小世界會崩解，為此費盡心思。我為了守護這個世界而不斷努力，一直走到了這個年紀，明白再怎麼努力，也無法阻止世界滅亡。各種似是而非的危機，正繼續毀滅世界；近來的新聞，也戲劇化地報導類似議題，告訴我們，即使人類在不久的將來瀕臨滅絕，也沒什麼好奇怪的。

因為太難，所以乾脆舉手投降嗎？我們應該要竭盡全力，試圖減少讓世界走向滅亡的可能性。與其渾渾噩噩過日子，不如早點面對現實。我的意思不是一味靠科學來拯救世界，而是要帶著憂患意識，不斷尋找解決方案。並且堅持到最後，不到最後一刻，絕不放棄。

如果摧毀現存的人類世界，大致有三種可能性：首先，把地球弄得一片狼藉，讓人類自然滅亡；再者，透過某種方式，誘導宇宙發生無法抵抗的事；最後，人類作惡多端，以致走上滅亡之路。我們整理一下這些可能性：

首先，我們看一下，把地球弄得一片狼藉的劇本。地球本身就是一個生態系統，所以關於地球滅亡，現實中最常提到的是環境破壞。從以前，我們的環境就一直被破壞，我想今後也會繼續破壞下去。雖然有人提出環境問題，主張必須保護地球，不過其實「保護地球」與「保護地球的環境」，是完全不同的兩碼子事。即使環境已經破壞到人類無法生存的狀態，對地球來說，只是拔下一根腋毛的感覺。無論把眼光放得多麼長遠，連存活歷史三百萬年都不到的人類（還是從非洲南方古猿的登場時間開始算起，才有三百萬年。實際上，智人出場的時間僅有二十萬年），怎敢誇下海口，說要保護地球？人類連自己的香港腳都解決不了，更別妄想干涉腳下棲息地的健康狀態。我們可能無法想像，人類高喊著「守護地球」，這畫面對地球來說，是何等微不足道？地球一直都好好的，它不斷接收太陽輸送的能量。就太陽的壽命來估算，往後的數十億年，地球也會安然無恙。所以，準確的說法應該是，我們要做的並非保護地球，而是讓地球維持在適合人類生存的環境。

假設最後環境沒有得到保護，由於環境破壞，歷經了幾個世代後，人類反而產生遺傳突變（指適應環境的個體存活下來，但突變為怪物的人不在此限），成為擁有能適應嚴酷環境的體力和精神狀態的人。雖然變得適合生存，卻與目前所知的人類面貌相差甚遠。按這種標準來看，人類或許與滅絕無異。由於缺氧，人類必須不斷發出粗重的喘氣聲；再者，紅血球難以搬運氧氣和營養成分，所以進化為綠血球。也許今後的人類身上流著綠色血液，那不就成了天生的喪屍嗎？

此外，還有一種與地球環境密切相關的生命體，就是植物。即便地球滅亡了，它們也沒有離開的本事，只能堅守原地。就像電影《瘋狂麥斯》裡的世界，人類最需要的資源是水和植物，植物才是真正的生產者。不過，人類生存所需的植物，也有自己的問題。目前全世界的植物種類多達數十萬種，其中數萬種以上已瀕臨滅絕。隨著棲息地不斷遭到破壞、氣候異常、外來物種不斷入侵，它們逐漸失去生存空間。人類把許多植物當作藥物或食材，因此這事並不讓人高興。

人類還是有希望的。你也許聽聞，挪威某個小島上有一個種子的貯藏庫（「斯瓦爾巴全球種子庫」，被稱為「末日種子庫」，就算斷電也可低溫運作二百年）。它可說是現代版的諾亞方舟，為了讓地球滅亡後，生存下來的人類子孫能保有糧食。目前已保存了約八十九萬個種子樣本，且持續在世界各地蒐集更多的種子。即使地球滅絕，也不會只有玉米可吃（電影《星際效應》中，災害及病蟲危害，造成所有農作物全部消失後，人類只能依賴玉米維生），真是太好了！

想讓地球變成一片狼藉的話，現在還差得遠呢！我們去更厲害的地方看看。最近地球上的某些地區，出現了彷彿重現冰河時期的致命寒冷天氣，甚至體感溫度掉到零下四十度左右，美國中西部的明尼蘇達州，因為風寒效應導致溫度驟降。依據溫度測量指標的風寒指數來看，甚至已跌破零下五十二度。就連極地的溫度，也不至於低到這個地步。如今，也許只能和地球以外的火星部分地區比較了。雖然沒人親身嘗試過，裸體出門的話，可能不到五分鐘就一命嗚呼了。

芝加哥的動物園裡，北極熊和企鵝甚至躲到室內避寒，馬桶裡的水也結凍了。如果把熱水灑向空中，你就會像電影《冰雪奇緣》裡的艾莎一樣，成為冰雪女王。連尼加拉瀑布也結冰了，真是不勝枚舉、一言難盡。

造成現代版的冰河時期，主要原因之一就是溫室效應。說到溫室效應，大家可能覺得氣候變暖了，其實這句話只對一半。受到全球暖化影響，海水增溫，北極冰川融化後流入北大西洋。但是北極融冰的水，是不含鹽分的淡水，因此大量淡水入海，使海水鹽度降低，也讓海水向下沉的流量減少。如此一來，海水無法正常循環，於是赤道逐漸升溫，極地逐漸變冷。最後，將從北方開始進入冰河時期。

試想一下，你現在裝一盆洗臉水。有兩個水龍頭，熱水跟冷水。如果用其中一個水龍頭洗臉，說得誇張點，你可能會被凍死或燙傷。適度地用手攪拌水，適合洗臉的溫水就完成了，當然你也可以把臉泡在溫暖的水裡。在海洋中發揮攪拌功用的，正是海鹽。海鹽會在水裡流動，待海水蒸發後，鹽的濃度會變高，比其他海水更具重量的鹽水就會沉到深處，然後用它的力量，將下方的水推向赤道。在此過程中，赤道的熱水和極地的冷水會相互交換熱能，所以地球上才不會出現極低溫或極高溫的狀態。不過，若把冰川融化的水加到裡面，水的密度差異就會減弱，攪拌洗臉水的那股力量也會消失。

而且不是只有寒冷的問題。世界各地有被稱為「超級火山」的大型火山，正安靜地休息。一旦它們成群發威，地球可能會迎來煉獄般的世界末日。從流傳下來的故事可得知，已有數個古文明因為火山爆發而滅亡。若在毫不知情的狀況下受到襲擊，超級火山爆發的威力可不是開玩笑的。不過最近，科學家透過電子顯微鏡分析火山石塊，結果顯示，在火山爆發前的數十年間，曾有岩漿湧出的跡象[8]。換句話說，如果留意觀察，我們可以提前數十年預測火山爆發的時間。數十年，說長不長，但換個角度思考，這也為人類爭取到一段遷移至其他地區的時間，或許人類得以生存下去。這麼看來，數十年的時間其實算很充裕了。

這些例子讓人恐懼萬分，不過從地球的立場來看，它只是受到一些尚可接受的壓力。但現在開始說明的內容，超出了人類能夠思考的範圍，更讓人心驚膽跳。

好的，現在輪到第二個可能性。我們來談談，宇宙發生可怕的事，導致滅亡的情況。二〇〇八年九月，突然有謠言說黑洞即將產生，就要吞噬地球，將人類推入滅亡的絕境。有趣的是，實際上，當時在瑞士日內瓦的歐洲核子研究組織（世上最大的粒子物理學實驗室）正在重現宇宙大爆炸的實驗。當然，他們的目的並非製造黑洞，而是要找出隱密在某處的珍貴物品（希格斯玻色子），但人們還是恐慌不安。如果黑洞突然出現在地球附近，也很令人膽戰心驚。不過只要運氣沒那麼背，黑洞形成的機率還是極低。就算真的形成了，它被霍金輻射消滅的機率也很高，我想應該會平安無事。再加上，其實黑洞這傢伙很難悄無聲息地隱藏在我們的周圍，所以大家不必擔心。

從宇宙飛向地球的東西中，最具威脅的是小行星。顧名思義，就是一顆小的行星，這小子是太陽系形成過程中產生的物質。一般情況下，它們會平靜地繞行在地球外圍，但也經常為了引起關注而接近地球。當快速移動的小行星墜落到地球，損毀狀況大致如下：如果是一顆市區公車大小的小行星墜落，會有數千棟建築物付之一炬；如果大小是一棟高層大廈，會出現一公里以上的撞擊坑（又稱「隕石坑」或「環形山」，呈現凹坑狀。從月球表面可看見許多撞擊坑），附近一帶變成一片焦土。別驚訝，這只是剛開始；如果範圍像大型購物中心的小行星墜落，足以摧毀一個小國；若是像綜合體育場的小行星，整個大陸板塊會為之崩裂。提供另一個作為參考，當時讓恐龍滅絕的小行星，大小相當於鬱陵島④。為預防小行星墜落、導致人類滅亡，只能預測其運行軌道和方向，在它接近地球前就搶先

④編註：韓國位在日本海上的島嶼，東西長十公里，南北長九點五公里，面積七十三點一五平方公里。

下手。把行星撞擊地球，當作既成事實來看的話，就必須趁它還遠在天邊時，為它打造好一條新的軌道。如此一來，就算它朝著地球直奔而來，還能引導它到完全不同的地方。話雖如此，還是令人惶惶不可終日啊！

與外星人入侵相比，小行星墜落或許算不上什麼威脅。已離開人世的偉大霍金博士，曾鄭重警告大家：高智慧的外星人在太空到處遷徙，他們不但會掠奪其他文明，還可能讓這顆行星淪為殖民地[9]。但對於近六十年來，一直在尋找外星生命體的科學家⑤卻表示，即使遇到太空海盜，就算只有一次機會，還是希望能親眼見到外星人。現在落入了見面也擔心，不見面也擔心的兩難局面。

實際上，宇宙規模的災害，可能會比想像中更安靜地出現。太陽是地球上所有能量的來源，血氣方剛的它，不久前剛滿五十億歲。它若壽終正寢，地球就會默默地迎來末日。在兩種狀況下，我們就該為地球祈福了。第一，是太陽邁向老年，到了大約一百二十億歲，它會嚴重膨脹，甚至膨脹到觸及地球，把地球整個吞噬掉。即使幸運地避開太陽膨脹的肚皮，已耗盡洪荒之力的年邁太陽，也不會再提供地球足夠的能量。被太陽拋棄的孤兒地球，逃不過慢慢冷卻的命運，只能眼睜睜地看著整個太陽系成為宇宙的塵埃。

從某種角度來看，等著地球或宇宙的終結，可能是一種幸福的等待。由於外部因素引起的世界末日，或許可減輕你的罪惡感，不過人類確實有可能自行滅亡。

最後，我們不得不思考，人類自己走向滅亡的情況。我們早已經歷過車諾比核電廠爆炸事故⑥，與福島第一核電廠事故。雖然兩者皆非有意的恐怖襲擊，但僅從外漏的放射線劑量來看，造成的損失已不亞於一場核子戰爭。即使兩者都不帶攻擊目的，只是意外事故，至今仍讓人們瑟瑟發抖、活在恐懼之中。如果為了一決生死而使用核武，該造成何等嚴重的後果？真令人憂心。單單一枚核彈，就能帶給世界多大的痛苦，我們已在第二次世界大戰中學到教訓。因此應該很容易預測，若雙方在戰爭中都使用核武，這選擇將是人類史上最愚蠢的行為。名言製造機——愛因斯坦也曾說：「雖然我不知道第三次世界大戰人類用什麼武器打，但我知道第四次世界大戰只能用木棒和石頭打。[10]」這代表，核戰將會把現有的文明帶回原始時代。

起於人類、終於人類，從這點來看，人工智慧的叛亂與核戰有很多相同之處。只是核戰有危險性，這點大家都有同感。如果真的發生核戰，我們將得到近乎蓄意性的毀滅。而

⑤ 搜尋地外文明計畫（Search for Extra-Terrestrial Intelligence, SETI）的參與者。
⑥ 一九八六年在蘇聯的核電廠發生的核子反應爐破裂事故，其外漏的放射性物質劑量是廣島原子彈的四百倍。

人工智慧造成的傷害，應該更接近我們根本不知道結果為何的荒唐毀滅。就我個人推測，我認為，科學家之所以開發擁有人類思考模式的人工智慧，根本原因是好奇心。而且，成果可能比數千萬個人類大腦加起來還聰明。目前，雖然它們只有趕上幾個領域，但我認為在不久的將來，人工智慧會全面凌駕於人類之上。

究竟日益發達的人工智慧，會將人類視為創世主、對我們抱著尊敬之心？還是把人類當作地球上必須撲滅的害蟲？誰也無法確定。如果答案是前者，光是生而為人這件事，就足以讓我們擁有幸福生活的權利。以後不需要工作賺錢，而是以偉大的人類身分與價值，就能獲得年薪，工作只要交給人工智慧和機器人去做就行了。其實令人擔心的並不是人工智慧本身，而是試圖將人工智慧私有化、將自己的貪婪變成現實利益的部分人類。少數人類造成地球滅亡的劇本，我想也許更精彩吧！相反地，也有人認為，人類本身就是造成地球滅亡的直接原因。曾有人類學家預測，人口急劇增加將會導致人類滅亡。因為人類生存所需的資源，將遠遠跟不上人口增長的速度。

最早的人類，靠著四處採集植物及獵殺動物而存活下來。不過很快地，這種方式已無法承受不斷增加的人口。所以，人類開始學會種植農作物與飼養動物，藉以獲取更多的資源。但這種方法是暫時的，即便已有多數農夫或漁夫，資源仍不足以應付全人類的需求。

為克服這樣的困境，人類開始改良農作物品種，讓收穫量就像灑狗血連續劇的收視率一樣節節上升，並透過產業化實現了非正常的生產量。目前為止，科學家已成功將人類學家的滅亡預言，轉變為欺騙國民。至於，這場騙局能矇騙大眾到什麼時候，誰也無法得知。

人類為了自己的生存，正引導生態系統往不自然的方向發展。如今，不只是基因造假的程度而已，甚至還創造出人工的生命體。這過程中出現的問題之一就是病毒。或許我們可以把病毒造成的滅亡視為一場自然災害，但若說，在可怕的病毒進化背後沒有人為的影響，簡直就是天方夜譚。

目前為止，談了很多可能造成滅亡的原因，卻無法提出避免滅亡的具體方案。即使每種滅亡的方式都能找到解答，但歸根結底，所有的原因都是相互連結，人類並不會單純因為某種理由就滅絕。如果將來人工智慧發展到極致後想毀滅人類，若它們不選擇電子系統連結起來的核武，反而用斧頭和鐵錘，想征服地球就沒那麼容易了。不管走上哪一條路，最終會滅絕的終究是人類本身，人類絕對不會滅亡的道路並不存在。只有不斷思考，努力想盡辦法生存下來，才是人類唯一的出路。

1. 「Probe Class Starshade Mission STDT Progress Report」, S. Searger & JPL Design Team, 2014.
2. 「Pale Blue Dot: A Vision of the Human Future in Space」, Carl Sagan, 1994.
3. 「Mars to the Multiverse」, Martin Rees, 2015.
4. "Stephen Hawking warns artificial intelligence could end mankind",〈BBC News〉, 2014.
5. 「Artificial Intelligence as a Positive and Negative Factor in Global Risk」, Eliezer Yudkowsky, 2008.
6. 「Sickle-cell disease」, Rees et al., 2010.
7. 「Voluntary out-of-body experience: an fMRI study」, Andra and Claude, 2014.
8. 「Before the big volcano blows」, Alexandra Witze, 2012.
9. "Don't talk to aliens, warns Stephen Hawking",《The Sunday Times》, 2010.
10. 「Albert Einstein Quotes」, Einstein, 2012.

第四部

這些都是科學必修！不知道的話是你的損失

我們用炸雞幣叫外送吧！

全人類最強大的信任網：加密貨幣

自從世界上出現了貨幣的概念，大多數人都認為，是古人在以物易物的過程中形成了貨幣。實際上，若說貨幣是為了還債而出現的產物，這話一點都不為過。為了得到剛摘下來的新鮮葡萄，答應對方以十條魚作為交換的代價。但現在還沒抓到魚，所以先給了貝殼代替魚。在欠對方十條魚的狀況下，漁夫自己發行了貨幣。由此可見，實際上貨幣等於某人用自己的信用作擔保所開的本票。

人生在世，金錢看來似乎有巨大的價值。英國哲學家法蘭西斯．培根（Francis Bacon，以「知識就是力量」聞名於世）曾說過：「金錢是最好的僕人，也是最壞的主人」。現在的情況已變成有錢能使鬼推磨，無錢則寸步難行。諷刺的是，金錢的價值並非來自它本身，而是通過社會承諾創造出來的。銀行給予棉纖維（其實紙幣的材料並不是紙張，而是用紡織廠生產的碎屑棉纖維來製造）上面印的價值一種保障，這樣的形態就是貨幣。但如果銀行倒閉呢？在這種情況下，與儲存的金額多寡無關，依據保護儲戶的法律，每位儲戶都可收回五千萬韓元（約台幣一百二十三萬元）。再舉個更極端的例子，萬一銀行背後支持的國家滅亡呢？此時，你什麼也拿不回來了。因為擔心無人能保障私人擁有的貨幣價值，為因應現代人需求，比特幣就被創造出來了。

至今身分仍不為人所知的中本聰（網路化名），於二〇〇八年公開發表了一篇論文，標題為〈比特幣：一種對等式的電子現金系統〉（*Bitcoin: A Peer-to-Peer Electronic Cash System*）。次年，比特幣首度面世。比特幣這個概念本來就很陌生，所以一開始程式設計師認為，它只是一個誇示能力的遊戲。直到發生某事件，比特幣的交易才正式開始。某天晚上，美國某位比特幣論壇用戶（網名laszlo）在網路上留言，說如果有人願意把兩盒披薩送到他家門口，他願意以一萬比特幣「當時市價約四萬韓元（約台幣九百八十四元）來交換。若以二〇一七年為基準，市價竟高達一千四百億韓元（約台幣三十四億）」。結果四天之後，熱呼呼的披薩出現在他家的餐桌上。這個事件讓大眾開始認知，或許有可能用比特幣來交易。

比特幣在韓國是非常有名的加密貨幣。一年內，增值的幅度超過了百分之一千五百，掀起了投資的狂潮。媒體上，各領域的專家競相發表他們對比特幣的擔憂，我想這也引起了大眾的共鳴。被稱為「虛擬貨幣」的比特幣，是否能取代實體貨幣？這樣的可能性究竟有多大？這個問題對大眾來說非常重要。尊稱為「韓國文化大總統」的「徐太志和孩子們」（韓國九〇年代當紅偶像團體），發行首張專輯《我知道》時，韓國大眾皆認為所謂的嘻哈音樂風格，就是指徐太志的音樂。如今，有各式各樣的嘻哈音樂與複合類型的音樂，但當時徐太志是韓國首位推出嘻哈音樂的人，所以大家才會這麼認為。這與現在的情況十分相似，大眾似乎認為比特幣就是指所有的加密貨幣。不過，能讓電子貨幣系統自主運作的「區塊鏈技術」，遠遠比比特幣更重要。今天，我打算談論一下這個主題。

先整理一下專業用語。外文翻譯時，最先被誤會的詞就是「虛擬貨幣」。我們先抹去這個字吧！因為虛擬貨幣聽起來，感覺不是真實存在的貨幣。準確的說法應該是「加密貨幣」。「加密」二字，並非指支付用的貨幣。偏偏一開始發行比特幣時，過度強調貨幣功能，人們才會認為加密貨幣的全部功用就是取代實體貨幣。甚至還有人認為，區塊鏈技術是偽造貨幣的手段。但是加密貨幣不單純是實體貨幣的替代品，它有不同於以往的全新價值。即使現有的貨幣失去作用也無妨，因為可以用去中心化的金融體系與加密貨幣來取代。想同時滿足這兩個條件，是件相當困難的事，如今卻找到解決方法了，就是所謂的區塊鏈技術。

正如前面所說，目前我們使用的貨幣價值，如果沒有人擔保就沒有意義。而現今這個角色由銀行來承擔。假設現在銀行不擔任中介的角色，而我跟你是非常好的朋友，我私下向你借五萬韓元（約台幣一千兩百三十元）。你二話不說，直接打開錢包拿鈔票給我，但你心裡又覺得，不管我們兩個多要好，這種金錢交易還是無法安心。因此你用 Kakao Talk（韓國人常用的通訊軟體）傳簡訊給我，把聊天紀錄當作一種證據。

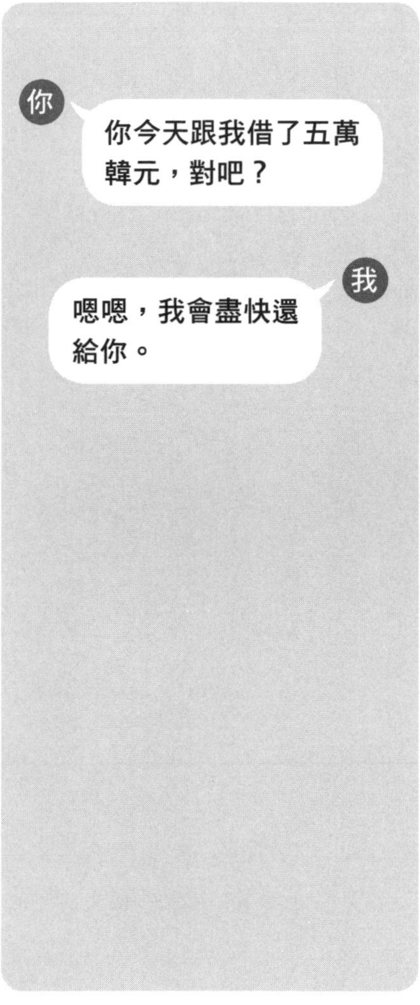

一個禮拜過去了，我沒有要還錢的意思，銷聲匿跡好幾天，也許你開始心急如焚。這種情況該怎麼辦呢？除了 Kakao Talk 的訊息外，你也沒有其他證據。甚至我趁你在圖書館熟睡時，偷偷拿走手機，刪除 Kakao Talk 裡的訊息（假設手機密碼已被駭客解除），當然我手機上的訊息也已刪除。對你而言，這五萬韓元一去不復返，毫無蹤跡可尋。為了防止這種事發生，人們才會使用銀行。如今，人們不再直接掏出現金，反而透過銀行轉帳，就可以留下加密紀錄。若有類似的事情發生，很容易就能解決了。

假設我是非常厲害的駭客，銀行電腦網路這種程度的保安系統，我閉著眼都能進入的話，也可以刪除這個紀錄，繼續抵賴到底。想要建構絕對無法駭入的加密系統，是不可能的任務。所有訊息滙集在一起的中央系統，本身就是一種風險。儘管軟體技術和各金融監管機構，仍竭盡全力維護這一切。不過，其實只要使用加密貨幣，就可以簡單解決這些問題。

現在再打開 Kakao Talk 吧！假設我又跟你借了五萬韓元，但這次你不是以個人名義發 Kakao Talk 訊息給我，而是把證據留在好幾個朋友的群組聊天室裡，狀況又會如何？

你：你今天跟我借了五萬韓元，對吧？

我：嗯嗯，我會盡快還給你。

A：不用付利息嗎？

B：還有錢借別人，真是有錢人，請客啦！

即使刪除了我和你手機上的訊息，抵死不認，其他朋友也會根據留在他們手機裡的對話證據，要我還錢，可能還會罵我一頓。不過我若是《怪盜聖少女[1]》裡的怪盜，向天主告

---

① 編註：日本漫畫和電視動畫。故事描述實習修女聖良在課餘時間聆聽前來祈求天主幫助的人的請求，其中有些人是來祈求原來屬於他們的物品可以物歸原主。聖良會把這些請求告訴芽美，芽美便會變成「怪盜聖少女」去達成那些人的願望。雖然怪盜聖少女的動機是善良的，但她偷取物品的行為仍算是盜竊。

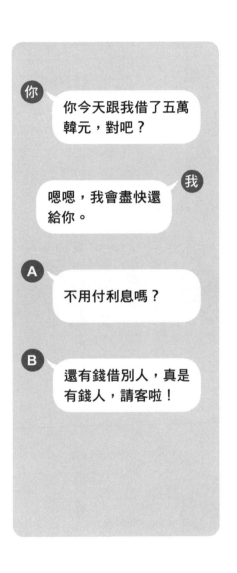

解：「王啊，請允許我今天也做正義的小偷吧！」然後潛進聊天室所有朋友的家，刪除他們手機裡的訊息，證據同樣消失無蹤。從現實面來看，這也不是不可能。

但假若這是發生在數千人聊天室的事情呢？假設全韓國的五千萬國民一起進入聊天室？這就是所謂的區塊鏈技術。所有的交易內容都要在聊天室留下紀錄，讓群組所有人都知道內容。即使駭客入侵，只要他無法駭入所有參與者的手機，刪除紀錄的話，他就無法湮滅掉所有證據。可說是目前最完美的保安系統了。

交易內容的可信度不需中央的擔保，每個交易的人會分別記錄，並確認所有交易內容，在物理學上達到最理想的加密。如果說，現有的保安方式是盡可能複雜化，用許多鎖頭密密實實地扣住金庫，那麼利用區塊鏈的方式，就是將保險箱放在世界各地數不清的地方。還會定期變更密碼，且不斷轉移到新場所。我是駭客的話，可能早就打退堂鼓了。

但如果沒有新人員加入，也沒有發生任何活動，這個聊天室的存在也沒有任何意義。群裡的用戶應該要盡可能進入聊天室，持續發送訊息才行。這樣才能加強保安，並維持在高信任度的狀態。這些行為必須自動自發，才可以脫離中央控制，成為完全去中心化的區塊鏈。如果不是出於本意的參與，最終只會造就另一個中心化。所以它會以一種非常公正與靈巧的方式，為用戶提供一種補償——也就是加密貨幣。愈來愈多用戶加入聊天室，網路可信度就愈來愈高，同時加密貨幣的價值也會日益上升。雖然是為了具體實現加密貨幣才開發的區塊鏈技術，不過最後為了刺激區塊鏈的活性化，也少不了加密貨幣的幫助。這兩者間的連接完成了去中心化與加密化，一種方便社會管理自主權體系的新技術，就此誕生了。

去中心化和加密化完成後，日常生活中要如何實際應用呢？先以選舉為例。目前做重要決策時，之所以無法讓國民線上投票，原因出在信賴度太低，且受到駭客攻擊的危險性很高，所以才會離線投票，並由中央選舉管理委員會管理。如此一來，每次要重新舉行一場選舉，費用往往超過三千億韓元（約台幣七十四億元）。所以若不是相當重要的決策，政府就不會輕易讓國民投票，原因就在這裡。那如果引進區塊鏈技術呢？把所有資訊儲存在參與投票的全體國民手中，投票結果雖以匿名方式共同享有，不過只有本人可以親自確認。選舉結束後，所有結果都會公開透明，這樣大家就可以監視彼此是否有舞弊行為，且無法任意操作選舉。如此一來，可以用非常低的成本，公平地選舉。你說聽起來像在騙人？西班牙早就開始積極用區塊鏈進行電子投票了！（二〇一四年創立的新興政黨——黨名為「我們能」〔Podemos〕，他們曾利用「Agora 投票」線上投票來決定政策）

讓我們看看音樂市場的情況吧！目前最大的問題，在於版權費和收益分配。現在有很多不必要的中間環節，聽眾無限量使用串流媒體服務時，只能支付給原創者零點五韓元（約台幣零點零一元）。如果把區塊鏈運用在這裡，無須讓著作權協會或中繼中心經手，只要在每個區塊中標明著作權即可。去中心化消除了流通利潤的差距，收益的核算也變得簡單。而且無法偽造，所以可以安全又透明地分配收益。透過所謂的「音樂幣」，讓有實力的音樂家得以生存下來，而不正當獲取暴利的資方，則會失去原有的力量。

我早就覺得不要用單純的單據，而是用本身就有價值的炸雞作為貨幣，會比較好。要不是一個月後炸雞的味道，會比起剛炸好的差了點，這也許是個好辦法。當然，這是不切實際的夢話，不過就我個人而言，還是希望將來能看到「炸雞貨幣」在世界上流通。有關雞的原產地、流通過程、新鮮度和烹飪方式等，都透明化標示出來。以這樣的信賴為基礎，拿著發行的炸雞貨幣，在家裡就可以點美味的炸雞來享用了。不管是醫療界或法律界，所有需要透明化合約或交易的地方，都可以善用區塊鏈。

或許過不久，實體貨幣會消失也說不定。我們早就用手掌大小的信用卡或手機，進行大部分的交易。不管是買進或賣出，所有的交易都會被記錄在電腦裡，信任它顯示的數字。隸屬於密克羅尼西亞聯邦的雅浦島上，至今還在使用中間鑿洞的圓形石幣，這種石幣的最大直徑高達四公尺。據說有一次，在船上搬運石幣時不小心掉進了海裡，卻沒有人去打撈

Daitso
接受
炸雞貨幣
付款
肚子好餓，
謝絕無骨炸雞

它，因為雙方都相信石幣身處海底，所以他們只是交換了石幣所有者的身分，直接進行交易。這句話的意思是，只要村民都認可價值和所有權，就沒有任何問題[1]。參與雅浦島網絡的用戶，雖然信任是長久累積下來的成果，不過我相信若能善用區塊鏈，超越這個範圍的信任，也可以自發建立起來。現在貨幣的價值由特定的中央擔保，若是所有人都可以共同擔保，誰也無法動搖，人類歷史上最強大的信任就會因應而生。

當英國人最愛的實驗物理學家兼電磁學之父——麥可．法拉第（Michael Faraday）初次發現電時，許多人都來找他，問他好不容易才發現這種東西有什麼用途。當時法拉第這麼回答：

請問一個初生嬰兒
能有什麼用？

如今，我們可以想像沒有電的生活嗎？區塊鏈也是如此。這個嬰兒會成為傑出的領導者還是罪犯？就現在看來，誰也無法確定。而且不管有什麼藉口，這個道理也不會改變。把他送到孤兒院或漠不關心，不是好的解決方法。現在必須餵他喝牛奶、逗弄或安撫他。無論如何，都要找出可以將他培育成優秀人才的方法。

不管是粉紅色的夢幻未來，還是世紀末的反烏托邦，什麼樣的結局其實並不重要。也許會迎來海嘯般的劇變，若先認定一切會風平浪靜而鬆一口氣，想盡辦法說服自己相信，終究不能改變什麼。真正重要的是，我們必須比任何人更快了解潮流的變化，從科學的角度，為人類做好乘風破浪的準備。一切準備就緒後，即使最終海面平靜無波，也值得慶幸，可以躺下來好好休息。最愚蠢的是，已經意識到未來可能變化，卻不做任何準備，只會在心裡祈求風雨不要來的駝鳥心態。變化難測，總有一天它會來的。而且我想，這次的風雨不會簡單就結束的。

宇宙四大天王：重力、電磁力、強力、弱力

主宰人類的重力，竟是宇宙的霸主？

做父母的，總是時時刻刻擔心孩子，不知道他有沒有被別人欺負？在路上有沒有跌倒？不管有幾個孩子都一樣，沒有一天不為他們煩惱。尤其是體弱多病的子女，更是費盡心思地照顧。還沒有成為父母前，無法理解這樣的心情，這就是所謂的天下父母心。

天地初開之際，宇宙也孕育了多種力量形態的子女。如果能像美國漫畫《地球超人》一樣，當分別帶有土、火、風、水、心靈的力量合而為一時，地球超人就會出動了。漫畫中的世界固然理想，而宇宙歷經千辛萬苦，也只生下了四種能力。它們在極短的時間內誕生下來，所以也可以說它們是四胞胎。若要分出長幼順序，依序是：重力、電磁力、強力和弱力。年紀最長、身體卻最虛弱的重力，就是今天的主角。

首先，如果你什麼事都沒做，卻發生某件莫名其妙的事，犯人很有可能是重力。原本拿在手上的馬克杯，不小心掉落，大部分的人都會指責你的粗心大意，不過實際上讓馬克杯摔碎的決定性力量，來自於重力。重力沒有拉著馬克杯的話，你也不會犯這樣的錯。如果在生活中用重力當藉口，只會讓你變成一個「邊緣人」。另外，騎腳踏車時會往旁邊倒，也是重力所致；玩騎馬背時，讓你朋友痛苦掙扎的原因也是重力；甚至當你在洗手間辦大事時，讓你和珍貴的棕色朋友能順利分開的也是它。

除此之外，大部分能感受到的力量都是電磁力。不僅僅是磁鐵之間互相拉扯或推擠的力量，利用環繞在原子周圍的電子反彈力，使其互相排斥，也是電磁力的範疇。你之所以能突襲親吻貓咪，全託電磁力之福，而貓咪不悅地推開你的臉，賞你一巴掌，如果沒有電磁力的作用，牠也無法辦到。

嘴巴碰到貓咪臉頰的瞬間，適當的電磁力已事先把力量擠掉了。以免存在你們之間的原子核，在融合之下引發核聚變反應，在你和貓咪半徑幾千公里內的文明，得以保存至今。也就是說，所有互相接觸到的物質，都是依靠電磁力才能保持穩定。換句話說，從物理學來看，物質之間很難互相觸碰到。

強力與弱力十分難得一見，甚至比你實際遇到，經常出現在綜藝節目的偶像歌手的機率更低，因為它們是在相當微小的世界裡發生的事。從根本上來講，強力是製造原子核的力量。原子核是由質子和中子組成，質子帶有正電荷（＋），就像磁鐵的兩極，質子之間也是依靠電磁力相互推擠。若置之不理，原子核很容易分解。因此能讓它們並肩作戰，友好相處的力量就是強力（又稱「強交互作用」，實際上發生於夸克之間，是一股非常強大的力量）。與電磁力相比，它的排行比較小，不過它的力量最強，所以哥哥們也拿它沒輒。

弱力（電子與電微中子、緲子與緲微中子、陶子與陶中微子之間產生作用的力量）主要與引起核衰變的過程有關。由於弱力，中子會轉變為質子，過程中也會產生能量。另外，它又被稱為「弱交互作用」，但比起弱力，重力的強度更小。竟然比一聽，就覺得是軟柿子的弱力還弱，重力到底弱不禁風到什麼程度呢？如果比較它們的實際力量，結果更令人痛心。

首先，電磁力比弱力強一百倍，強力又比電磁力強一千倍。弱力與強力相較之下，只是相當微弱的力量。那身為人盡皆知的「病秧子」重力，它的力量到底有多小？強力的強度，足足是重力的十的四十四次方。如果說一百倍是在數字後方加二個零，那現在數字後面就得加四十四個零，兩者根本無法比較。光是把它們拿來比較的這件事本身，對另外三個兄弟來說，就不是什麼光彩的事。

重力的力量實在太微不足道，一般人都覺得啞口無言了，科學家該有多驚慌失措？重力究竟從小吃什麼長大，怎會如此弱不禁風？在說明之前，我們必須先了解一件事，那就是關於時空與次元的觀點。

雖然重力的力量輕如鴻毛，但以射程距離（又稱為「作用距離」，作用力的強度依序為：弱力↓強力↓重力＝電磁力）來說，它與電磁力確實比較有勝算。弱力或強力的力量作用距離非常短，如果不是相當靠近範圍，它們就無法作用。但是重力和電磁力的作用距離幾乎接近無限，代表說，無論相隔多遠的距離，你都可以感受到重力的存在；反過來說，整個宇宙中全部帶有質量的物體，都能互相感覺到對方的存在。解釋起來有些複雜，但世紀天才牛頓（Newton）曾說過：「因為蘋果對地球有吸引力，地球對蘋果也有吸引力，所以蘋果才會掉到地球上」。②

仔細想想，地球不只吸引蘋果，而是吸引所有具備質量的物體。簡單地說，它與磁鐵吸鐵片的磁力相似。大部分的金屬碎屑都可以被磁鐵吸附。假設有一塊巨大的磁鐵，附近

---

② 法國啟蒙思想家伏爾泰（Voltaire）寫的故事，也有人說，是他將牛頓的好友史塔克利（Stukeley）分享的對話，記錄寫成的文章。

所有的金屬都被吸往它的方向。如果說磁力只適用於通電物質，重力就是只適用於具有質量的物質。因為這是天才說的話，所以大家都會信任，直到愛因斯坦以截球之姿出現為止。

依照牛頓的說法，沒有質量的物質就不會受到重力影響。就像不管我們再怎麼努力用磁鐵吸橡皮擦，它依然不動。令人驚訝的是，就連沒有質量的光，路徑也會受重力影響而產生扭曲。等一下，你說什麼？科學研究命題不能有例外？應該是哪裡出錯了。對於這個問題，愛因斯坦提出了有趣的建議：

其實重力並不是物體間作用的力量。

難道不是蘋果對地球有吸引力，地球對蘋果也有吸引力嗎？如果蘋果和地球沒有互相吸引，蘋果為什麼會掉到地上？愛吐舌頭[3]的宇宙大天才，愛因斯坦提出了相對論的概念。

現在，我們暫時把廣闊的宇宙移到你的廚房裡，把將保鮮膜大範圍地鋪在空中，做成一個透明膜環繞你的時空。若在拉開薄透的保鮮膜上面，放一個相當有份量的鮪魚罐頭，保鮮膜會在凹陷時往下延展開來。接著，再丟入一顆非常輕巧的珠子，珠子會慢慢順著凹陷的保鮮膜滾下去。如果保鮮膜透明到幾乎不存在，我們就會認為珠子和鮪魚罐頭處在互相吸引的狀態。說到底，所謂的重力就是，代表有質量的鮪魚罐頭，直接改變了代表空間的保鮮膜。隨著扭曲空間的凹陷，進而產生一股牽引周圍物質的流動力量，這就是現代廣義相對論的核心概念。

其實，宇宙大天才也是花了很長時間，才走到這一步。如果你想陪他，一步步走過相對論誕生的漫長旅程，現在請打開門，走到電梯去吧！一開始走進電梯，按了上面樓層的按鈕後，稍等一會。電梯往上爬時，你感覺自己的體重變重了。不要擔心，不是你突然變胖。這種感覺會隨著電梯加速，愈來愈強烈；相反地，如果電梯停止加速，開始墜落，此時你會產生一種好像懸浮在空中、重力突然消失的錯覺。如果真的發生這種情況，你可能不會

---

③ 大家應該都有看過著名的愛因斯坦照片吧！作為參考，原版照片之一在拍賣會上，以近一億韓元（約台幣二百四十六萬元）的金額成交。

有多餘的心思去思考這個問題。

就像這樣，重力會隨著移動的方向或速度產生變化，甚至讓人有完全消失的錯覺。現在，把電梯搬到地球外幾乎沒有重力的宇宙空間吧！起初，由於沒有重力，所以身體會像羽毛一樣輕盈。但如果電梯上升愈來愈快，你也會覺得自己愈來愈重。某個時刻起，你覺得自己接近地球上的體重。但若喝醉酒，神智不清地躺在沒有窗戶的電梯裡呼呼大睡，你可能連是在宇宙還是在床上都搞不清了，這就是愛因斯坦的相對論。

相對論有兩種，廣義相對論和狹義相對論。如果現在就想一口氣搞懂它們，就算你付了高於這本書的錢，我想也很難辦到。簡單說，這兩個相對論都是關於時空的故事。根據狹義相對論，快速移動的物體，時間會變慢。當時的普遍常識是這樣，像任何鐘錶店的時鐘，都是以同樣的速度轉動；在宇宙任何地方，時間都是以相同的速度流逝。如果以接近光的速度移動，你的時間會變得比朋友慢。當你結束一個比光速還快的短暫旅行，再回到約定地點一看，明明手錶離約定時間只過了十幾分鐘，但你的朋友都已吃過午飯、還去了KTV、喝完草莓香蕉果汁，然後已經回家了。

而且難度比這個更高，愛因斯坦也研究十年才發表的廣義相對論，正是與病秧子重力相關的理論。如果重力非常強，用保鮮膜做成的時空本身就會扭曲，時間也會相對變慢。

就連流逝的時間也被困在這個空間裡，即使我們解釋成，重力用自己的力量抓住時間，在某種程度上讓時間流逝變慢，我想應該不會被科學家圍毆吧？就算要打也是打我，所以大家別擔心。

總而言之，根據宇宙大天才的說法，唯一能在時空發揮作用的力量，就是重力。強大的強力、比重力更強大的弱力，還有運用在多處的電磁力，即使是出類拔萃的它們，也無法動時空一根寒毛。所以才讓人覺得更奇怪。重力是最早誕生的老大，也是把時空玩弄於股掌間的小霸王，可是為什麼它會如此脆弱？繞了好大一圈後，很幸運，我們又回到了最初的問題。

於是科學家開始思考，在時空裡發揮作用的唯一力量是重力，那這個傢伙會不會跳到時空之外，跑到另一個次元去？甚至有人主張，重力本身並不是存在我們空間裡的力量，而是從更高次元產生的力量，所以重力在這個世界才會如此虛弱。就像從漫威漫畫阿斯嘉飛來的雷神索爾，在地球上也只是很會打架的鄰居大哥。

歐洲核子研究組織為了研究其他次元空間，製作了巨大甜甜圈形狀的實驗設備——大型強子對撞機（Large Hadron Collider, LHC），用於翻炒微小粒子。研究顯示，如果高速衝撞粒子，它們偶爾會穿越到另一個次元，而且也曾發現來到我們次元的外來碎屑。如果哪天能證明其他次元的存在，也許重力就能擺脫「病秧子」的汙名了。

重力已經超越了好萊塢明星，為許多電影做出莫大的貢獻。二〇一三年上映的電影《地心引力》，重力本身就是電影標題和主角；另外在電影《星際效應》裡，男主角為了傳遞訊號給地球上的女兒，而使用了重力。雖然也許是電影方面的想像力，卻都是建構在只有重力才可以影響時空的科學事實上。重力取代了超越時空的愛情，頻繁出現在電影中，或許是因為在眾多描述重力（attraction，吸引；引力）的英文單字中，浪漫因子作祟的科學家堅持不用拉扯之意的「pull」，選擇了吸引人之意的「attract」吧！

上帝的粒子：希格斯玻色子

宇宙的一切，始於這顆最原始、最微小的粒子

「希格斯」（Higgs），不是吉格斯，也不是希格（Higg）的複數。這是人名沒錯，而且好像在哪聽過這個名字，但不清楚是什麼？世界上有這種東西嗎？就像久聞其名，卻從未嚐過的魚子醬或鵝肝。至少還知道魚子醬是用鱘魚的魚卵製作，卻完全不知道希格斯這個單字究竟來自何處。不知道並不是你的錯，身為熱愛物理學的人，我才應該深刻反省。

首先，記住搬家的第一天。我的房間，只屬於我的小空間，目前還處於非常乾淨、什麼都沒有、「無」的狀態，只有空蕩蕩的空間等著我。不過奇怪的是，隨著時間推移，總是不斷多了些新東西。也許是掉在地上的頭髮，或是某人掉落的麵包屑。某天我突然想，萬一這些未知的垃圾一點一滴累積起來，某天是否會威脅到我的生存呢？這些東西究竟從

何而來？

一個個尋根究底，可發現其來必有因。也許是昨天買來的，或上禮拜剩下來的。完全不知道主人是誰的捲曲頭髮，推測應該是我自己的，或是某個進入房間的人留下的東西。所有發生在宇宙裡的事，必有因果，絕對沒有從無到有的東西，這點十分明確。那這個宇宙怎會變成這個樣子？是不是受到神的召喚，而「咻！」地一聲忽然出現？關於宗教或哲學的理由，先跳過不談。如果科學家開始談起神的故事，表示他已經精神崩潰了。就算想裝作不知道，答案還是「咻！」地一聲出現，轟隆隆地登場。至少也該知道過程吧？這就是接下來我要談的內容。

假設宇宙什麼也沒有。乾脆把書闔上，像被《MIB星際戰警》裡的「記憶清除筆」掃過，透過燈光清除了記憶，請先忘記一切吧！雖然就科學的角度來看，世界上根本就沒有這種東西。不過試想，牛頓看到蘋果掉到地上時，雖然只是極其平常事，他卻會思考理由何在，我們也該效仿他才對。

也許一開始，宇宙也是從沒有時間、沒有空間、沒有防彈少年團的荒蕪模樣，慢慢轉變為現在充滿各種事物的狀態。初露端倪，最先出現的東西正是「希格斯粒子」，準確地說，應該是「希格斯玻色子」。說到粒子，大家都知道是顆粒狀的東西；但說到玻色子，就難以想像長什麼樣子了。其實不必想得太艱澀，因為它已經超乎想像了。是個令人百思不得其解的玩意兒，你只要把它當作科學的宿命，接受就行了。

為了理解何謂玻色子，我們要先理解「旋轉」，意指粒子在旋轉期間運動的量。但這並非真的轉動，而是比喻它本身具有的性質，希望大家能明白。雖然經常聽到，電子會在原子核的周圍轉動，但實際上，它並不是像盛夏之際，在我們身邊飛舞打轉的蚊子。若處於一個非常微小的世界，我們的想法和行動也有所不同，所以才用比喻的方式說明。說到底，沒有任何方法得知它到底怎麼運作。而玻色子即是它的旋轉正好落在整數之意。若旋轉是一，轉一圈就會回到原位；若旋轉是二，只要轉半圈就能回到原位，大概就是這個意思（若旋轉二分之一，就得旋轉兩圈才能回到原位，像這樣旋轉為半整數的粒子稱為「費米子」〔fermion〕）。因為希格斯粒子的旋轉為零，所以被稱為希格斯玻色子。接下來，繼續探討旋轉為零，究竟意味著什麼。

回到宇宙初始，一開始，宇宙中什麼也沒有，連宇宙本身也不存在，直到引發了宇宙大爆炸。有很多關於宇宙大爆炸起源的理論，若沒有正確說明，這篇文章的主題和內容可能會被扼殺掉，所以先跳過不談。總之，大爆炸發生了，突然在能量漩渦中，某一瞬間有什麼東西誕生了。談論科學時，「誕生」或「存在」等字詞不能隨意使用。判斷「誕生」

的標準為何？在什麼時間點誕生？當它誕生的那一刻，表示從無到有，這就是所謂的質量（在〈用科學來解釋靈異，就不恐怖啦！〉一章中，為了證明靈魂的存在，曾做過以質量作為證據的實驗）。自從出現了質量一詞，才產生了「什麼」的概念。因此科學家不斷尋找，最初賦予質量的媒介是否存在？答案正是：在物質上賦予質量的粒子——也就是希格斯玻色子。

為了說明希格斯玻色子，還有創造質量的媒介，必須走向比現在更微小的世界。你可能會質疑，為何天下無敵的軌道君變得如此長舌？聽起來好像還停留在序言，但我可不是騙子，真的實屬無奈啊！

從宇宙中心到地球、從地球到人類、從人類到眼屎、再從眼屎到更微小的世界……在逐漸變小的過程中，大致上保持原有的性質，一直到無法再變得更小的原子為止。若是在這裡進一步分割，原子還可以分為原子核和電子，原子核又可以再分為質子和中子，質子可以再切割成夸克……更細微的部分不再多說，到此為止！如果再切割下去，頭腦也跟著被切成兩半了，科學家也止步於此。當然，再往下，還有用弦的振動來說明夸克的「弦理論」，不過本書已經沒有多餘的空間，所以就此省略。

這個世界由十二個基本粒子組成——六個夸克與六個輕子④。我們的大腦連夸克也承受不了，想必不會張開雙臂歡迎突然冒出來的輕子。用簡單的方式比喻，把夸克當作醬料炸雞，輕子就是一般炸雞。另外，醬料也分為辣味醬、醬油、炭烤、果醬、烤肋排醬和蒜味等眾多口味，夸克也分為上夸克、下夸克等六種夸克⑤。這麼一來簡單多了吧！一般炸雞也是如此，有烘烤炸雞、脆皮炸雞和蔥絲炸雞等多樣變化，輕子也有六種類型⑥，其中電子是最為人知的一種輕子。我們的世界就由這十二種炸雞組成。

說到炸雞，當然少不了醬汁，但這些醬汁的來源並不是構成物質的粒子；相反地，它們是藉由彼此之間的交互作用，發揮存在宇宙中的力量。這些醬汁被稱為「媒介粒子」，包括：光子、膠子、Z玻色子和W玻色子等。

藉由光，電磁波把一切傳達給我們。代表說，電磁力為了產生作用力，需要光子的協助；宇宙最強的大哥——強力，透過膠子發揮作用；弱力的媒介粒子，是Z玻色子與W玻色子。是不是還缺少什麼？因為重力交互作用的「媒介重力子」，至今尚未被發現。所有

④ 輕子（Lepton）是一種不參與強交互作用、自旋為二分之一的基本粒子。電子是最為人知的一種輕子；大部分化學領域都會涉及到與電子的交互作用，原子不能沒有它，所有化學性質都直接與它有關。
⑤ 夸克分為六種，分別為上（up）、下（down）、魅（charm）、奇（strange）、頂（top）與底（bottom）。
⑥ 輕子分為六種，分別是：電子、電中微子、緲子、緲中微子、陶子與陶中微子。

的基本粒子都具有質量，所以都會受到重力影響。我們最容易感受到的作用力，也是重力，可是到現在重力卻沒有被發現，實在很有趣。取而代之，找到了最初賦予質量的重力先鋒小子——希格斯玻色子。

幾經周折，好不容易把話題轉回希格斯玻色子。更精準地說，其實賦予物質質量的並不是希格斯玻色子，而是「希格斯機制」（希格斯作用的原理）；而發生希格斯機制的明確證據，就是希格斯玻色子。所以從很久以前，科學家就拼命尋找希格斯玻色子，最後終於找到那該死的傢伙（英國理論物理學家彼得．希格斯（Peter Higgs），從一九六四年開始尋找希格斯玻色子，二〇一三年獲得諾貝爾物理學獎）。你說我罵得太難聽了？實際上，因為尋找它的過程實在太艱辛，美國實驗物理學家利昂．萊德曼（Leon Lederman，一九八八年獲得諾貝爾物理學獎）撰寫希格斯粒子的書時，甚至將這本書取名為「該死的粒子」（*Goddamn Particle*）。不過當時出版社認為這個書名太過分，勸阻了他，最後改名為《上帝粒子》（*God Particle*）。基督教徒一度誤會希格斯粒子能證明神的存在，當然這件事完全與宗教無關。

你問我，發現希格斯玻色子是多麼偉大的事？我會說，這不僅僅是發現一個新傢伙存在，而是找出了一種全新形態的粒子。可能任何科學家透過實驗管道都無法發現它，若不是它突然從某個出乎意料的地方蹦了出來，說不定永遠無法得知它的存在。喜歡打賭的霍金大哥也曾以一百美元為賭注，他認為希格斯玻色子並不存在這個宇宙，結果他輸了。什麼？不過他依然表示，物理學上的偉大發現，往往來自於一些始料未及的實驗，他也為此感到高興。

其實在二〇一一年十二月，發表與希格斯玻色子相關的論文時，這段時間勞心費力的實驗物理學家認為，他們的努力終於有了回報，高興不已。不過理論物理學家卻希望這是錯誤的發現。因為如果沒有發現希格斯玻色子，就意味著還有更令人驚訝且截然不同的東西，他們認為一定更有趣。這些話當然不是我說的，是其他科學家說的。他們都是非常可怕的人，我可惹不起。

現在輪到希格斯機制了，它是一種賦予物質質量的機制。為什麼會有質量？科學家將質量定義為：「物體受力時，它對於改變運動狀態的抵抗程度」。即使用盡全力，推著站在原地不動的前籃球員徐章君大哥，他仍不為所動，因為章君大哥的質量對抗著我推向他的力量。為什麼有抗力？因為有「希格斯場」（Higgs field）。

質量正是依靠希格斯場。說到「場」，指由磁鐵產生的磁場。場雖然存在於整個空間，但這個空間卻空空如也，連灰塵這樣肉眼可見的東西都沒有。就算什麼都沒有，場依然存在。如果還是不太理解，試想一下，把侄子的磁力汽車玩具拿到廚房，慢慢靠近冰箱。明明你和冰箱之間什麼也沒有，卻感覺冰箱拉住了玩具。這就是場，磁力有磁場存在。但是希格斯場跟這個又不太一樣。它不像磁場位於磁鐵的附近，而是散布在整個宇宙中。它也不像磁鐵，需透過特定物質才能生成。從某種角度來看，也可以這麼解釋，因為空間無所不在，所有它具有讓人感受到作用力的性質。

假設現在你站在人滿為患的地鐵站。雖然人潮擁擠，不過換乘二號線的路還算好走，只要努力走到樓下，搭上地鐵就行了。行走過程中難免與他人擦撞，這種程度的相互作用力，還不至於放在心上。但如果現在站在地鐵裡的人不是你，而是 TWICE 的周子瑜呢？她的體型苗條纖細，看起來應該很快就能穿越人群，搭上地鐵，可事實並非如此。認出子瑜的無數民眾要求簽名，拿出手機狂拍。再這樣下去，地鐵也許形同癱瘓，更別想搭車了。她的人氣很高，與民眾互動也多，所以只能緩慢移動，這正是希格斯場的效果。與能否看到沒有關係，最具份量的粒子，即是與希格斯場產生最多相互作用的粒子；而份量最輕的粒子，則是相互作用最少的粒子。

再深入了解，你就能明白為什麼希格斯場是所謂的真空能量起源。一般提到真空，意味著沒有任何東西在那個空間裡。果真如此嗎？即便希格斯場不是物質，它卻擁有某種能量，可以均勻散布在每一處。只想單純計算希格斯場擁有的能量並不容易，卻可以算出整個宇宙中所有場的能量總和。若是結果為零，或許可以視為真空；但答案不是零，而出現某個數值，科學家稱之為「暗能量」（dark energy）。暗能量代表了真空裡所有的能量，而這個空曠宇宙空間的能量，則透過宇宙的加速膨脹來測定。

像一枚豎立的硬幣，一有機會就倒下；同樣地，希格斯場也一直維持在最低能量狀態。這個瞬間，希格斯場並不是零，而是某個特定的數值，這個數值賦予了基本粒子質量。粒子如果沒有質量，全部都會以光速移動。實際上，沒有質量的光與希格斯場之間沒有相互作用，所以可用最快的速度飛行。

希格斯機制產生的力量，只會在很短的距離內發生作用，所以我們無法直接感受到希格斯機制的性質。只要輕碰一下希格斯場，會立刻產生粒子，這個粒子正是希格斯玻色子。它可以證明希格斯機制並非科幻，而是實際存在。前面所述的希格斯玻色子的旋轉，也有深刻涵義。如果旋轉為零，與旋轉同等的時空對稱變換，不會發生變化。簡單地說，習慣自己吃飯的人，即使沒有其他人，也不會覺得孤單，可以獨立生活。所謂的真空整體成為一個場，不僅遍布於全宇宙，同時產生了粒子。

簡單地複習一下吧！希格斯場與物質之間的交互作用，稱為希格斯機制，結果就是我們感受到的質量。雖然大部分的人曾視該理論為無稽之談，但隨著希格斯玻色子（粒子）

的發現，情況逆轉了！如今已經成為事實。當然，還有很多東西是人類尚未解開，比如下列幾點就是未解之謎，實在讓人頭疼：

1. 發現希格斯玻色子只是運氣特別好？

2. 還有很多與希格斯玻色子相似的粒子，但似乎找不到？

3. 只用基本粒子制作標準模型⑦，是不是太簡單了？

東西吃太快容易消化不良；老是把鍋蓋掀開來看，只會讓食物半生不熟。實不相瞞，就我所知，希格斯玻色子一點也不實用。日前為止，它只是刺激了好奇心，讓人思考關於宇宙的各種課題。先前發現的電子或量子力學，也是如此。但如果現在沒有量子力學，與他人通訊時，仍須點燃烽火或策馬前行。而在半導體和電子產業中，量子力學也提供了莫大的貢獻。然而現在，發現希格斯玻色子不過短短數十年，所以還沒提出實際應用方法也是理所當然。別再催啦！我們先把從無到有，如今卻堆積如山的房間好好打掃一下吧！

⑦包括自然界的基本粒子在內，它是目前為止最能說明物質之間如何結合的模型。

比地球垃圾更值錢的太空垃圾？

高速衝撞的太空垃圾，也可能會砸到你？

「垃圾」一詞通常用在比較負面的地方。如果稱某人為垃圾，表示對那人一點好感也沒有。說貪汙受賄的人時，也經常用這個單字來形容他們。垃圾偶爾受到關注的情況，大概像有人把飲料喝完後，隨手把罐子丟在公園長椅上，讓看到的人心裡產生不快的這種程度而已。不過若是換到宇宙裡，狀況就不一樣了。世界各地的科學家都關注著，目前這一刻仍飄浮在地球周圍的太空垃圾。題外話，若上網搜索研究宇宙垃圾的科學家名字，太空垃圾會一起跳出來，儼然成為他們本人的相關搜索詞了。不是一般的垃圾，竟然是太空垃圾！自從全國各地的人們，都跑到釜山海雲台遊玩後，開始製造出大量的海洋垃圾；同樣地，當人類走向宇宙的那一刻起，自然也開始製造太空垃圾。從壽終正寢的人造衛星、到被丟棄的火箭外殼、還有破碎的衛星碎片等，各種各樣的東西都在外太空漂浮著。除了這些人為的垃圾，也有許多非人為的大自然垃圾，像是彗星、小行星殘骸、冰塊和灰塵等。

問題是，這些垃圾不只造成惡臭或不美觀。它們圍繞著地球漂浮，乍聽之下很和平的樣子。但實際上這種米格魯犬似的太空垃圾，不可能安安穩穩地待在原地，而是發瘋似地在地球軌道上急速運行，有的速度甚至每秒達到八公里。在此舉個例子給大家參考。一般子彈的速度，大概比每秒一公里慢一些，威力可想而知。太空垃圾有如此速度，無論它的體積重量多小多輕，只要輕碰一瞬間，立刻支離破碎。再加上，目前有數百萬個太空垃圾漂泊在宇宙中。對於善良的人造衛星或國際太空站來說，簡直是無數的不定時炸彈。

至於狀況有多可怕，讓我們一探究竟。假設與大小約五寸的太空垃圾相撞，受撞擊的程度，等於搬運行李的大型卡車，以每小時二百公里的時速迎面撞來。至於，與體型更大的傢伙發生衝突時會是何種局面，我想不必多加舉例了。

現在地球周圍有四千七百個[8]人造衛星，如同大家所知，衛星的體積相當巨大。其中正

---

⑧ 以太空標準與創新中心（Center for Space Standard and Innovation）二〇一八年四月的統計資料為準。

常運作的衛星不到一半，其餘都在太空中漫無目地遊蕩。包括衛星在內，目前體型巨大的太空垃圾數量大約是一萬九千個，已掉落到地面上的傢伙，則有二萬四千個左右。已有眾多的太空垃圾掉到地球上，數量仍持續增加中。雖然有些通過大氣層時已被燒毀，不過，每年還是有約八十噸以上的宇宙垃圾掉落在地球上。這個數字相當驚人，以足球比喻，等於每年有十六萬個足球從天而降。若以一百韓元的硬幣（直徑二點四公分，比十元台幣的硬幣二點六公分略小）來換算，大概等於一千五百萬枚硬幣。如果把這些硬幣黏成一列，長度比首爾到釜山的距離還長（約基隆到台南，三百二十五公里）。

一提到太空垃圾，讓我想起幾部電影。以前有《世界末日》和《彗星撞地球》等大型製作的科幻災難鉅片，主要以小行星撞擊地球為題材，讓觀眾身陷危機感。二〇一三年出現了一部特別的電影，內容提及太空垃圾撞擊國際太空站的情節，就是由墨西哥導演艾方索・柯朗（Alfonso Cuarón）執導，好萊塢知名女演員珊卓・布拉克（Sandra Bullock）主演的《地心引力》。

一九七八年，NASA的唐納德・凱斯勒（Donald Kessler）博士首度公開了太空垃圾對宇宙環境產生負作用的理論，並得到了多數悲觀論者的共鳴。之後，陷入憂慮的人們在不安的心理下，以這位科學家之名，將這種現象命名為「凱斯勒症候群」（Kessler

Syndrome[⑨]）。電影《地心引力》的故事，就是從這裡開始。一個人造衛星與其他衛星相撞後，變成太空垃圾。數千塊破碎的碎片，再度增加撞擊其他衛星的可能性。遭到撞擊的衛星破碎後，太空垃圾的數量上升至數百萬個。如此一來，地球的周圍將被太空垃圾覆蓋，人類也將失去發射衛星的空間。我們只能一籌莫展，看著太空垃圾不斷掉落至地球。

不只失去了發射衛星的空間，掉落到地球的太空垃圾也不能掉以輕心。唯一值得慶幸的是，天然的太空垃圾大都是冰塊，多數通過大氣層時就燃燒殆盡，因此不必太擔心（果然不管是鰻魚或太空垃圾，都是天然的最好）。問題卻出在，人造衛星或火箭碎片等人為的太空垃圾。為了讓它們順利進入太空，設計時已使用了特殊材料，即使經過大氣層也不會被燒毀。試想一下，一間發出糞便惡臭的洗手間，第一個開門的人，可能嚇得連上廁所的想法都沒了，直接掩鼻落荒而逃。但只要勉強用過一次，第二次再進去就變得容易多了。火箭也是如此，只要它能平安無事地穿越大氣層，當它成為太空垃圾，重新回到地球時，頂多覺得身體暖呼呼，輕輕鬆鬆就進入大氣層了。就是說，它不會經過燃燒就消失不見。

⑨或稱「碰撞級聯效應」。該假設認為，在近地軌道運轉的物體密度達到一定程度時，這些物體碰撞後產生的碎片，會形成更多新的撞擊，形成「級聯效應」。這意味著，近地軌道將被危險的太空垃圾覆蓋。由於失去安全運行的軌道，之後的數百年內，太空探索和人造衛星的運用將無法實施。

大家都知道，太空船或流星進入大氣層時，會與大氣產生摩擦而引起燃燒現象。當然，在某種程度上，摩擦熱也會影響溫度上升。但實際上，進入大氣層的物體因移動太快，所以物體前方的空氣產生巨大的壓力，造成其他熱能無法進出，而被擠壓的空氣就像人滿為患的公車，造成內部的溫度上升（在沒有熱量出入的情況下，若從外部受力導致體積縮小，內部能量增加會導致溫度上升）。這個過程叫作「絕熱壓縮」（adiabatic compression）。若是溫度上升至數千度，空氣就會變成電漿（將固體、液體、氣體持續加熱的話，最後分子會分解，變成四處流竄的狀態）。然後，這些度過艱澀時刻的太空垃圾，最終還是會踏上地球的土地。

現實生活中，也曾發生數起太空垃圾造成的受害事件。一九六〇年，古巴一個牧場被太空垃圾擊中，造成乳牛死亡；日本則有船隻被太空垃圾打中，造成船員負傷；也有人直接被太空垃圾擊中的例子。一九九七年，羅蒂・威廉斯（Lottie Williams）被從美國衛星上掉下來的太空垃圾擊中肩膀。慶幸的是，雖遭逢意外，並沒有造成太大的傷害。二〇〇九年，英國有個太空垃圾直接穿破了某戶人家的屋頂。這個黑不溜丟的金屬塊，竟是四十年前將阿波羅十二號（Apollo 12）送上太空的火箭燃料桶。

太空垃圾與一次性垃圾的問題一樣嚴重。二〇一八年，中國廢棄的國際太空站墜落在南太平洋，其他的人造衛星和太空垃圾，同樣尋找墜落的機會。聯合國和平利用外太空委員會（COPUOS，聯合國唯一針對太空領域而設立的特別委員會）甚至認為，有必要制定針對太空垃圾的國際共同對策。嗯，說起來，大家一起合作解決問題，應該是好事，但也有不少人認為，大部分的太空垃圾，都是以前美國和俄羅斯製造的，如今卻說是大家共同的責任，似乎對其他國家有失公平。

但現在可不是吵架的時候，必須解決問題。與一般垃圾相比，處理太空垃圾有些不同。清除的重點在於，不是消滅它或回收再利用，而是重新空出它占據的空間。眾多的衛星都被一條名為「重力」的繩索捆住，在地球的周圍接力賽跑。在一般情況下，不參加運動會或已按照順序完成比賽的衛星，必須將接力棒交給下一位選手，然後離開跑道才正常。

有兩種方法可以讓它們離開既定的跑道：第一，跑得非常快，快到足以把綁住它的重力繩索扯斷，往運動場外飛奔而出；再者，逐漸放慢速度，往運動場的內側走去，最後停下腳步。以前曾用雷射照射太空垃圾[2]，失去平衡的太空垃圾最後會掉在地面上。但雷射的費用很高，且改變軌道的太空垃圾在旋轉的過程中，與其他物體相撞的可能性也很高，所以最近很少使用這種方式了。若想把太空垃圾送到離地球很遠的地方，同樣需要大量的能源。因此一般情況下，還是採降低速度並墜落到地球的方式。如果在太空垃圾上安裝電

垃圾
太空
垃圾
原來是
垃圾啊……

磁繩[10]或自殺衛星[11]使其減速，它們會逐漸降低高度，再掉入大氣層。另外，還可以用機器人手臂直接回收太空垃圾，或把黏性很高的氣球裝在小型衛星上，讓它盡可能吸附太空垃圾，最後再一起墜落。

美國德克薩斯州農工大學研發的太空垃圾清除工具──Sling-Sat衛星，可用最少的燃料清除最多的太空垃圾。外型就像打開雙臂、雙手各提著籃子的人。它站在太空垃圾會經過的路口，穩穩接住飛來的太空垃圾。爐火純青的技術，簡直媲美牛棚裡的捕手。不只接住就結束了，它還會利用接到的太空垃圾本身的速度，借力使力來旋轉，最後像外野後衛一樣，把太空垃圾投回地球。利用太空垃圾的力量來處理太空垃圾，這招以夷制夷、將太空垃圾回收的戰略，可說是發揮到了極致。

太空垃圾造成的問題及損害，我想是人類面臨的難題之一。伴隨科學技術發展，出現各種不可避免的特殊現象這點我們都承認。如果找不到解決方案，所有人都可能面臨非常不樂觀的困境。從實驗室誕生的嶄新個體，正在破壞生態系統，科學技術中不可預見的副作用，導致沙

---

⑩日本宇宙航空研究開發機構（JAXA）在太空垃圾上安裝電磁繩，使其形成磁場，利用它的反彈力引導減速。

⑪一種非常小的衛星，將它安裝在太空垃圾上，打開帆之後，隨著太陽風流動，使其像降落傘一樣減速。

漠化或全球暖化等現象，給地球帶來重大的損害，這些都是事實。但是太空垃圾與破壞生態系統、沙漠化或全球暖化等並不同，它不單是科學技術造成的負面結果，兩者之間有顯著的差異。雖然現在被稱為垃圾，當年卻是開發太空的英雄。因為往太空發射了人造衛星，我們現在才能用手機找路、確認昨天的事項、或查詢明天的天氣。如今，把用不到的東西稱為垃圾，雖然是界定事物意義的行為，但我認為對它們而言，這樣的定義似乎不太恰當。

我們並不是處理太空中被丟棄的垃圾，它們是替人類在最高處、最貧瘠的地方竭盡全力，最後不支倒下的戰友遺體。它們為航太技術的發展付出巨大的貢獻，用盡最後的力氣，從三段式的火箭裡，將小小的衛星推向太空。或許，在嚥下最後一口氣前，它們還在思考著能為人類做些什麼，所以我們不該隨隨便便叫它們垃圾。

我用一件非常微小的事比喻：假設你買了一台珍貴的新型筆電，廠商為了用最完整的狀態送到你身邊，就像貝殼包覆著珍珠，他們在容易被人踐踏和撞傷的快遞箱子裡，放了一些保麗龍。電腦送達之後，你真的能把這些保麗龍當作垃圾嗎？取走所需物品後，剩下泡沫般的塑膠發泡材料。此時，你開始煩惱如何處理它們。如果你是有公民道德教養的人，在當作垃圾丟掉前，至少會盡到最後的禮儀，拿到資源回收站做分類。這也是在自己能力範圍內，為這個盡忠職守的好幫手，致上最後的心意。

壓軸出場：量子力學

量子的世界裡，什麼都有可能發生！

緊張緊張、刺激刺激，真是趣味橫生的故事啊！彷彿每舀起一勺飛魚卵拌飯的感覺，每讀一次就讓人湧起濃厚的興趣。今天的主角正是鼎鼎大名的「量子力學」。光聽名字就讓人下巴長痘痘的東西，就是量子力學！近百年來，讓無數科學家為之神魂顛倒的魅力學科。「你在說笑嗎？」也許有人覺得聽起來很可疑，你就當作被騙了，繼續看下去吧！讀到某個程度時，你可能覺得連等公車的時間都不忍釋卷，只好聚精會神地捧著它，直到理解為止。然後，在某個瞬間頓悟，不得不感嘆：「啊，原來這就是幸福啊！」

我敢斷言接下來要談的內容，在神智清醒的狀態下很難理解，所以請大家先拿一罐啤酒。對了，若你是青少年，請換成可樂或汽水，用碳酸飲料乾杯吧！真正能夠全盤理解量子力學的韓國人，肯定不到一百人。這點我可以打包票，當然連我也是一知半解。

簡單地說，量子是一個長得極為嬌小的傢伙。不過，我們要先搞懂另一個小子，就是它同父異母的弟弟——古典力學。

世界上有許多物質和自然現象，而試圖用物體運動來解釋這一切，就是古典力學的定義，它也可詮釋所有大自然的現象。如果用《星際大戰》中，說出「路克，我是你父親」的達斯・維達（Darth Vader）來比喻，古典力學之父的不二人選，當然就是牛頓。不知究竟是看了落葉、還是看到蘋果，眾說紛紜。不管看到什麼東西掉下來，牛頓大哥都感受到大自然的力量。其實世界上所有一切，都是自然的力學定律移動。只要知道它們正確的位置和速度，就可以預測所有的動向，這是古典力學的核心。

連戀人之間什麼時候要接吻都可預測而知。讓我們來到接吻的瞬間。如果在嘴唇觸碰的前一秒，知道兩人嘴唇的位置和速度的數值，可預測出一秒之後，即將發生柔嫩的嘴唇互碰的事件。往前回推一秒，接著再回推一秒……以這種方式，持續往短暫的過去回推，也可得知兩個月前，這兩個人的嘴唇分別在何地做了什麼事。反過來說，若知道他們兩個月前的嘴唇位置和速度，同樣可以推測出他們何時會接吻。不過每次出現嘴唇以外的其他粒子，與各式各樣的外部能量時，就得加上這些因素，重新修正他們的位置和速度才行。

是啊，雖然這個例子聽起來有點誇張，不過只要用這種方式，正確地掌握現在的位置和速度，並提前得知附加的外力，就可以預測未來即將發生的事。這個世界本身充滿了這樣的運動，這也是古典力學的基本常識。當然，想了解所有物質的位置和速度並不容易，但它也不是冒牌科學。我的重點並不是，透過古典力學可以預測未來。重要的是，物質的狀態就像位置和速度，是根據最初設定的條件來決定。

但量子力學卻無法決定這一切（第一次崩潰！）這就是量子力學與古典力學的最大差異。古典力學中，只要知道位置和速度，就能乾淨俐落地解決一切。即使有人突然向我揮一拳，只要事先知道拳頭的位置和速度，用古典力學的方式，可以避免挨揍的慘劇。但在量子力學的世界，你什麼也無法預測，只能傻傻地等著被打；甚至對方的拳頭會跟你擦身而過，落在下一個人的身上也不一定。即使是短暫的未來，你也無法提前得知任何事情，這就是所謂的量子力學。基於上述理由，科學家實在沒有理由看好它。

實際上，量子力學還是引發世紀口水戰的元凶。一九二七年，一群光聽到名字，就讓人忍不住兩腿發抖的著名科學家，聚集在比利時首都布魯塞爾。含著金湯匙出生的企業家歐內斯特．索爾維（Ernest Solvay），以自己的名字成立了一個國際學會。在第五次索爾維會議上，十七名諾貝爾得獎者[12]就像復仇者聯盟聚在一起。在這裡，製作出原子模型的鋼鐵人——尼爾斯．波耳（Niels Bohr），與極度討厭量子力學的美國隊長——愛因斯坦，展開了激烈的論戰，結果究竟誰贏了呢？

事實上，一開始大部分的人都很好奇，波耳面對愛因斯坦時，究竟能堅持多久？最後，這場會議卻由波耳大獲全勝。愛因斯坦以量子力學的矛盾為基礎，做了全面攻勢；波耳大哥則從愛因斯坦的理論下手，以彼之矛、攻彼之盾，最後獲得勝利。在他墨菲特[13]等級般的超強防禦與舌燦蓮花的連擊下，不僅讓愛因斯坦本人，還讓在場大部分的物理學家，最終接受了量子力學。此時，確認的內容就以波耳從事研究工作的地點——丹麥的首都為名，命名為「哥本哈根詮釋」（Copenhagen interpretation）。

你的好奇心應該被引發出來了，哥本哈根詮釋到底是什麼？愛因斯坦為什麼要攻擊量子力學？波耳又是如何防禦？還有，當時的其他科學家又有何想法？其實，這個過程一般人都能理解，所以慢慢深入了解，你就能得到不可思議的結論。來，讓我們出發吧！

首先，應該要了解什麼是粒子和波動。不用事先找資料，也可猜出粒子是某種微小的顆粒狀物質，波動則像波浪般起伏的動作。很好，我舉個例子。請問你覺得耳屎是粒子還是波動？因為只能挖出一顆耳屎，往你身旁的朋友丟過去，所以它是粒子。那聲音呢？聲音無法只傳達給某一位朋友，一旦發出聲音，不管意願為何，周圍的人都會聽到你的聲音，所以這是波動。

我來出個題目，考考大家！某個足球天才踢了足球，這個球會飛向何處？前提是，球只能踢一次：

1. 正在等球過來的散漫足球達人前鋒A。
2. 不喜歡跑來跑去，正在球場中間散步的中場B。
3. 擅長早起的早晨足球會長C。

⑫ 難如登天的諾貝爾獎，居里夫人（Madame Curie）居然獲得兩次，她也參與了此次活動。
⑬ 編註：電玩《英雄聯盟》的角色，墨菲特是防禦值較高的角色。

請問，足球是粒子還是波動？如果是真正的足球，球往哪個人的方向踢，當然就由那個方向的人接到球，因此足球是粒子。總之，只踢了一顆足球出去，對於前鋒A、中場B和早晨足球會長C而言，他們三人並不會一起接到這顆球。

但問題就出在這，明明只踢了一顆球出去，附近三個人卻同時接到了球，就像波動（第二次崩潰！）。真的會發生這種事情嗎？不要懷疑，它真的發生了！就是在被稱為量子力學的微小世界裡。在這個世界中，正確答案是A、B、C三人皆接到球。

當時的科學家搞不清楚，光是粒子還是波動。牛頓大哥說：「光是粒子。」雖然大家一直相信並跟隨他，但心裡總覺得哪裡不太對勁。這種情況下，英國天才物理學家兼生理學家兼語言學家——湯瑪士．楊格（Thomas Young）設計了相當有趣的實驗。他準備一塊有兩條狹縫的不透明板，放在牆壁前方。如果光是粒子，光通過板子時，應該在牆上映出兩條影子；若是波動，光應該像海浪一樣波濤起伏且彼此相遇，因此會有若干條光線映照在牆面上。他的設計相當符合邏輯，所以放手一試吧！實驗結果出來了，光的影子不是只有兩條，而是出現了好幾條[4]。驚喜吧！這也證實光是一種波動，光在這個瞬間像波濤一樣，這可是粒子做不到的事（其實光同時具有粒子和波動的性質，稱之為「波動—粒子的雙重性」）。

光的部分先告一段落，下一位打擊手是電子。電子雖然相當微小，卻可以像足球一樣，一個、兩個細數出來，而且還是具有質量的粒子。經過這兩條縫隙時，當然會出現兩條影子，任何人都不期待它會出現不同的畫面。然而，電子卻打破了所有人的眼鏡。它在牆面上映照出數行條紋⑭，顯示出電子的波動性[5]。就像同時飛向三人的足球一樣。

當時的科學家真的受到很大的衝擊。如果想在牆面上映照出多行條紋，電子必須飛到粒子無法到達的地方，如此一來，只能用波動的方式，如海浪起伏般前往。但是連問都不用問，電子的確是粒子沒錯。無論如何都無法相信的數名科學家，決定親自出馬。試圖了解，電子究竟在途中用了什麼方法通過縫隙，才會產生這樣的結果。

令人感到衝擊的是，像波濤一樣穿越並留下多條紋路的電子，竟然在發現有人觀看時⑮，就會害羞躲起來，變得像粒子一樣，只在牆面上留下兩行條紋（第三次崩潰！）。彷彿先前的波動不曾存在，只展現出與粒子相同的路徑。就像葡萄牙足球員C羅（Cristiano Ronaldo）私下練習踢球時，他的球可以同時踢向三個人；但是當C羅發現有人好奇偷看

---

⑭ 實際上，並不是由一個電子留下干涉條紋，而是發射多個電子後，累積的形狀才是干涉條紋。

⑮ 電子實在過於微小，透過肉眼當然看不到。但只要透過電子顯微鏡，就可以觀測到這個現象。

時，他的球只會踢給其中一人。

這個結果讓人覺得違背了常識，而且非常不科學。不看它的話就是波動，有人看的話又變成粒子！閉上眼不看就是波動，睜開眼一看又是粒子！又不是開玩笑，你覺得這像話嗎？其實，愛因斯坦的想法跟我們一樣。如果看見它之前，它不會以粒子的形態存在，這表示只要我們不看它，它就不存在，這是什麼荒誕不經的話？請你抬頭看天上的月亮，看見月亮了吧？假設大家都不看月亮，月亮就不存在，難道最初是有人看到了月亮，所以月亮才會出現嗎？一定要由人類親眼確認嗎？還是恐龍或三葉蟲看到也可以？我已經搞不清楚自己在說什麼了。雖然現在很想把書闔起來，又覺得可惜，還是繼續看下去好了，這就是量子力學的魅力！再稍微忍耐一下，幸福馬上就會到來。

只要整理一下看的過程，就可以解決這個問題了。看是指什麼呢？雖然大家覺得是睜大眼睛盯著的過程，但是在看的過程中，有一個非常重要的因素，那就是「光」！假設在暗室裡什麼也看不見，因為沒有給我們帶來訊息的光，沒有光子。我們之所以能看到東西，是因為光子撞擊某個特定的物體後，再反彈回來，凝聚在視網膜上產生的視覺現象。我們讀了保留在光子上的資訊，才能看到事物。換句話說，我們為了看見某樣事物，而把光子投射在那個東西上。

不管是月亮還是汽車，甚至像果凍碎塊的微小東西，它們遭到光子的撞擊時，都不會有太大的變化。問題是，在量子世界裡，光子是個體型非常壯碩的傢伙。以波動狀態、像海浪起伏的電子，若被光子這樣的大塊頭粒子迎面撞擊，電子就會受到巨大的衝擊，導致失去原有的波動性，最終使電子塌縮為粒子。我們只想看一眼而已，可站在電子的立場來看，就像發生了單方面過失的交通事故。為幫助大家理解，所以舉了比較誇張的例子。不過，像這樣以看得見的觀念來判斷，意味著在量子世界中，存在著物理性的衝突。看的主體不只是人或動物等生命體，而是存在宇宙中的所有物質。透過光子做觀測的話，波動也會塌縮為粒子。舉例來說，假設現在不是由我們來觀測，請住在首爾麻浦區的金先生出馬。即使他輕輕一碰，也會讓波動塌縮為粒子，因為它與金先生之間產生了相互作用。這樣的解釋被稱為「哥本哈根詮釋」（當波動和粒子以某個概率重疊，在這種情況下觀測的話，會引發波動函數的塌縮，它會被決定成某一個狀態）。[6]

「啊！原來如此，在十分微小的世界裡，發生這種事也是有可能的嘛！」或許你現在已經產生了「我好像理解」的錯覺。此時，又出現了一隻再度讓我們精神崩潰的動物，牠就是「薛丁格的貓」。

科學界有兩隻著名的動物：「巴夫洛夫的狗」（俄羅斯心理學家巴夫洛夫做的古典制

約實驗，用鈴聲和食物來試驗小狗的條件反射）與「薛丁格的貓」。巴夫洛夫的狗是隻聽到鈴聲就會流口水的傢伙。實驗者在他的下巴上鑽了個洞，藉以測量分泌出的唾液量，他可是經歷了許多殘忍的實驗。如果薛丁格的貓，不單是在腦中發生的思想實驗，殘忍的程度恐怕不亞於巴夫洛夫的狗。這個實驗起源於非常討厭量子力學的埃爾溫．薛丁格（Erwin Schrödinger），所以他設計了這個實驗，想證實哥本哈根詮釋有多麼不合理[7]。不過這個實驗在解釋量子力學的特性時，很容易就能讓人理解。因此，現在只要一提到量子力學，它反而非常珍貴。這就像，當你衝入敵軍陣地，卻不慎遺失身上所有物品，最後落荒而逃的感覺。

大家熟知的薛丁格的貓，是一隻放在箱子裡的貓。在打開箱子之前，我們無法得知貓是死是活。打開箱子的那一刻，我們才得以確認貓的生死。把牠放在箱子裡太久的話，貓會餓死；即便如此，直到打開箱子為止，都無法確認牠的生命狀態。問題在於這個實驗相當荒謬，甚至讓人覺得很不科學，因為裡頭缺少了非常重要的思考脈絡。

我們重新回到量子的世界。電子既是波動，也是粒子，兩者的性質以隨機方式存在。進行觀測前，它「既是波動，也是粒子」；但是在看的那一刻，也就是觀測的瞬間，它會被決定成某一個狀態。並不是說，它一定是波動或粒子其中之一。我再重申一次，意思是：

「它呈現波動性的同時，也顯示了它具有粒子性」。我知道你可能聽不懂我在說什麼，換個想法吧！假設我點了炸雞，卻不記得點了什麼口味。總之，不是醬料炸雞就是一般炸雞。但是拆開包裝紙之前，它既是醬料炸雞，也是一般炸雞。不是兩種口味各半的炸雞，而是兩種口味都適用的意思。什麼？前述內容有多麼不合理，你現在才明白。

對量子力學持贊成態度的科學家認為，量子的世界，本就是一些極微小的傢伙生活的世界，所以發生異常的事也不足為奇。是啊！一個電子、粒子有可能發生這種事，因為它太渺小了。那兩個粒子就不會發生了嗎？三個呢？五百個以上的話，應該算是明確的粒子吧！到底在幾個粒子相貼之前，才算是同時具備波動與粒子的特性？又從什麼時候開始，才能明確定義為粒子？顯然有一個界限。我們從來沒有在比鼻屎還小的東西上，看過波動性的存在，所以它應該會在某個瞬間，從量子的世界穿越到現實世界；而通過界限之後的所有物質，都只能以粒子的狀態存在。

再回頭看看薛丁格的貓實驗，狀況就變得非常簡單了。去掉複雜的裝置，實驗更簡單。密封的箱子裡，放著同時身為波動與粒子的孤獨電子，旁邊放著裝有劇毒的瓶子和錘子（設計為：如果是波動狀態，那就什麼問題也沒有；但在變成粒子的瞬間，機關就會啟動錘子，打破瓶子）。再把一隻貓放入箱子裡，把箱子封起來。從量子力學的觀點來看，目前觀測的時間點是在事情發生前，因此電子既是波動又是粒子。但是觀測的瞬間，會決定是兩種狀態中的其中一種。代表著錘子或許已經啟動，又或許維持在原來的位置。這句話的意思是，箱中的貓也許死了，也許活著。我再複述一次，決定貓生死存亡的關鍵，在於觀測的瞬間；相反地，如果在觀測之前，貓不是處於死亡或活著的一種狀態，而是生存和死亡重疊的狀態，難道這隻貓是喪屍嗎？

貓雖然沒有死掉，卻也不算活著，該說牠雖死猶活嗎？不管怎麼說，大家都覺得說不過去。由於量子的世界很小，所以就不跟它計較那麼多，但並不包括貓。貓可是現實世界相當明確的粒子，貓怎麼會有二象性呢？如果你覺得這個理論聽起來胡說八道，量子力學也一樣毫無道理可言。

事實上，薛丁格的貓可以證明在量子世界裡發生的問題，也可以發生在現實世界裡。特定界限這個概念本身就不符合邏輯，如果說哥本哈根詮釋是正確的，貓也可以同時是波動和粒子，這就是薛丁格的貓得到的結論。

雖然結論讓我想站在反量子力學派的這一方，但這個問題已經解決了。是的，答案正如薛丁格的貓的結論：「貓的確是波動，也是粒子」。等一下，你說什麼？雖然曾聽說貓是液體做的，可從沒聽過貓是波動啊！如今才恍然大悟，原來貓是一種波動啊！假設讓貓通過兩條狹縫的不透明板，我想牆面上就會映照出若干條紋路吧？

希望大家不要誤會，雖然貓具有波動和粒子的雙重性，這件事是正確的，但並非任何時候都會發生。若要成立，需要非常複雜的條件。必須在真空狀態、不能有任何光線，甚至構成貓的細胞原子之間，也不可以產生相互作用。但貓是何等複雜的生物體！再加上，細胞原子彼此監視得非常嚴密，不太可能發生沒有互相觀測的情況。所以貓才總是以粒子的形式存在。現在你有比較理解了嗎？

儘管如此，科學家仍努力以試驗的方式，想找出具有波動和粒子二象性的最小物質。由六十個碳原子組成、長得像足球形狀的碳六十（C_{60}，是擁有最小的表面應力、高穩定度、高強度、也是三維空間具有最高對稱度的分子），是目前世界上最小的物質。已經確認當它通過兩條狹縫的不透明板時，會像波動一樣映照出若干條紋路。下一個階段，是比它大一百倍的病毒[8]，如果病毒也會映照出數條紋路，它可能會成為第一個能證明二象性的生物體。該怎麼解釋，同時存在兩個地方的傢伙？恐怕需要相當大量的研究。

從出門、上下班、上學、吃飯、上洗手間等，我們總是從被決定好的古典力學世界中甦醒過來，來到被觀測前，一切都是以概率重疊的量子力學世界。這有什麼改變嗎？也許一切如常，不過當你翻書的瞬間，你的狀態可能是重疊的。從無限重疊的個別事件中，想到未來正在不斷分化，還是有點令人興奮。所有的狀態都有可能重疊，我們每次觀測時，都是單一宇宙來決定。當你拿著這本書，在回收箱前徘徊，終於下定決心重新閱讀後，原先重疊的「把書丟掉的宇宙」就這樣崩潰了！呼，真是萬幸！

1.「Money Mischief: Episodes in Monetary History」, Milton Friedman, 1992.
2. Space debris removal using a high-power ground-based laser, Monroe, 1993.
3.「Rotating plates: Online study demonstrates the importance of orientation in the plating of food」, Charles Michel et al., 2015.
4.「Plasmon-Assisted Two-Slit Transmission: Young's Experiment Revisited」, Schouten et al., 2005.
5. The Discovery of Electron Waves（Davisson, 1965）.
6.「Who invented the "Copenhagen Interpretation"? A study in mythology」, Howard, 2004.
7.「Die gegenwärtige Situation in der Quantenmechanik」, Schrödinger, 1935.
8.「Quantum superposition, entanglement, and state teleportation of a microorganism on an electromechanical oscillator」, Tongcang Li et al., 2016.

你也被唬弄了嗎？20 個最容易被誤解的科普知識／軌道君（궤도）著；陳曉菁譯 . -- 初版 . -- 新北市：臺灣商務，2020.08
256 面；14.8×21 公分 . --（Thales）
譯自：궤도의 과학 허세 : 아는 척 하기 좋은 실전 과학 지식
ISBN 978-957-05-3276-0（平裝）

1. 科學 2. 通俗作品

300 109008706

Thales

你也被唬弄了嗎？ 20 個最容易被誤解的科普知識

궤도의 과학 허세 : 아는 척 하기 좋은 실전 과학 지식

作　　者 — 軌道君（궤도）
繪　　者 — keykney（키크니）
譯　　者 — 陳曉菁
發 行 人 — 王春申
選書顧問 — 林桶法、陳建守
總 編 輯 — 張曉蕊
責任編輯 — 劉柏伶
一　　校 — 李晶
校　　對 — 楊美珠
美術設計 — 綠貝殼資訊有限公司

行銷組長 — 張家舜
影音組長 — 謝宜華
業務組長 — 何思頓
出版發行 — 臺灣商務印書館股份有限公司
23141 新北市新店區民權路 108-3 號 5 樓（同門市地址）
電話：(02)8667-3712　傳真：(02)8667-3709
讀者服務專線：0800056193
郵撥：0000165-1
E-mail：ecptw@cptw.com.tw
網路書店網址：www.cptw.com.tw
Facebook：facebook.com.tw/ecptw

궤도의 과학 허세 : 아는 척 하기 좋은 실전 과학 지식

局版北市業字第 993 號
初版一刷：2020 年 8 月
印刷廠：鴻霖印刷傳媒股份有限公司
定價：新台幣 350 元
法律顧問—何一芃律師事務所